# 电梯结构及典型故障排查

主　编　龚　飞
副主编　李　伟
参　编　刘忠翔　吴　海　范　啸

北京理工大学出版社
BEIJING INSTITUTE OF TECHNOLOGY PRESS

## 内容简介

本书共分为五章十四节内容，分别从电梯的曳引系统、门系统、轿厢系统、井道系统及安全保护系统分析了部件与机构的组成、结构原理、工作原理。同时针对五大系统在运行过程中存在的典型故障进行分析，提出解决问题的方法。通过真实的案例、现场图例、经验总结进行深入浅出的分析，层次分明，简明易懂。同时收集、整理相关国家标准，提炼出电梯机械部件对应的标准要求，对比分析故障存在的现象和原因，总结出故障排除的方法、技巧，为工程技术人员提供一套行之有效的故障排查思路。

本书可作为中、高等职业院校电梯工程技术专业教学用书，也可以作为电梯技术人员业余研读的参考资料，帮助他们巩固所学知识，解决现场工作中遇到的实际问题。



**图书在版编目（CIP）数据**

电梯结构及典型故障排查 / 龚飞主编. —北京：北京理工大学出版社，2020.6

ISBN 978-7-5682-8629-9

Ⅰ.①电…　Ⅱ.①龚…　Ⅲ.①电梯-结构 ②电梯-故障诊断　Ⅳ.①TU857

中国版本图书馆CIP数据核字（2020）第112456号

出版发行 / 北京理工大学出版社有限责任公司

社　　址 / 北京市海淀区中关村南大街5号

邮　　编 / 100081

电　　话 / （010）68914775（总编室）

（010）82562903（教材售后服务热线）

（010）68948351（其他图书服务热线）

网　　址 / http://www.bitpress.com.cn

经　　销 / 全国各地新华书店

印　　刷 / 唐山富达印务有限公司

开　　本 / 787毫米×1092毫米　1/16

印　　张 / 10.75

字　　数 / 245千字

版　　次 / 2020年6月第1版　2020年6月第1次印刷

定　　价 / 53.00元

责任编辑 / 徐艳君

文案编辑 / 徐艳君

责任校对 / 周瑞红

责任印制 / 施胜娟

# 前言 Preface

截至2019年12月，全国电梯总量达710余万台。中国电梯的生产量、保有量、增长率均居世界第一，电梯已经成为人们生产生活中不可或缺的交通工具。随着社会物质文明和精神文明的高速发展，电梯已经不单单是定义中的垂直交通工具，而是成为人们美好生活的重要组成部分，是安全、舒适、节能的标志，是高端、大气、上档次生活的象征。如何创造一个安全、舒适的乘梯环境是对当下电梯技术人员最基本的技能要求。作为高职院校的老师，我们有责任、有义务为社会培养更多的电梯技术人员，为电梯安全运行提供全方位、立体化的服务，为政府特种设备安全监察提供可靠的技术支持，为乘梯人员创造安全、舒适的乘梯环境。

电梯从生产厂家到最终成为功能齐全的交通工具，经历了部件生产、部件（机构）型式试验、部件出厂检验、现场安装、安装调试自检、第三方监督检验等过程，每一个环节都有严格的质量和安全把控，交付到用户手里的电梯应该是一台质量过关、安全可靠的电梯。但是，电梯毕竟是机电组合体，在运行的过程中有机械部件的锈蚀、摩擦（磨损），有电气部件的老化等运行存在的客观问题；同时，电梯的运行维护管理系基于人的管理，人的责任心、技术能力有别，导致电梯在运行过程中出现常规的故障，乘梯人员的舒适感下降，或者小故障没有及时得到反馈和处理，酿成事故，影响安全运行。因此，电梯故障的预见、排查是保障电梯安全、舒适运行的前提。有故障不可怕，可怕的是没有人去理会它。

笔者从事电梯检验检测工作十余年，时常跟现场的老师傅沟通交流，发现他们经验都很丰富，但是缺乏总结，靠经验判断电梯的故障，现场的故障排查几乎不用检测仪器，也不依赖标准。这样的工作模式带来一个问题，电梯能用并不代表符合标准规定，随着设备运行时间的增加，电梯的舒适感下降，小故障变大故障，最后不得不停运，用更换配件的方法解决存在的问题。本书紧扣《电梯制造与安装安全规范》（GB 7588）、《电梯技术条件》（GB 10058）、《电梯试验方法》（GB 10059）、《电梯安装验收规范》（GB 10060）等标准进行机械故障的梳理，结合《电梯维护保养规则》（TSG T5002）等现行有效的电梯安全技术规范，收集、整理一套电梯常见机械故障现象，并赋予故障排除的方法。借之引导我们的电梯技术人员在工作中做到有法有规、依理行事，灵活规避电梯故障排查中的潜在风险，提高工作效率。

本书在编写的过程中得到日立电梯（中国）有限公司、中新软件（上海）有限公司、贵州德尔森电梯有限公司的领导和技术人员的大力支持，非常感谢他们的无私奉献。同时，感谢贵州装备制造职业学院的领导，正是由于他们的敏锐洞察力和服务师生的责任感，才有了本书的出版；感谢贵州省电梯教研组优秀教学团队全体成员的默默付出，正是由于他们的刻苦钻研的精神和高效努力的工作，才使得本书及时地与大家见面。

由于编者水平有限，以及时间仓促、客观条件所限等，在编写的过程中还存在很多不妥和错漏之处，敬请读者谅解，并真诚地欢迎广大读者提出宝贵的意见和建议，我们将在后续的工作中不断修订、不断完善。

龚　飞

2020年5月10日

目
录
Contents

# 第一章 电梯曳引系统结构及典型故障排查

电梯曳引系统的作用是向电梯输送与传递动力，促使电梯上下运行，实现电梯的功能。曳引系统主要由曳引机、曳引绳、导向轮和反绳轮等组成，是电梯运行的根本，是电梯中的核心重要部分之一。根据曳引绳与曳引轮、导向轮之间的缠绕方法（也称曳引方法），常用的电梯曳引系统主要有三种方式，分别是有机房半绕 1:1、小机房半绕 2:1 和无机房半绕 2:1，其结构如图 1－1 所示。

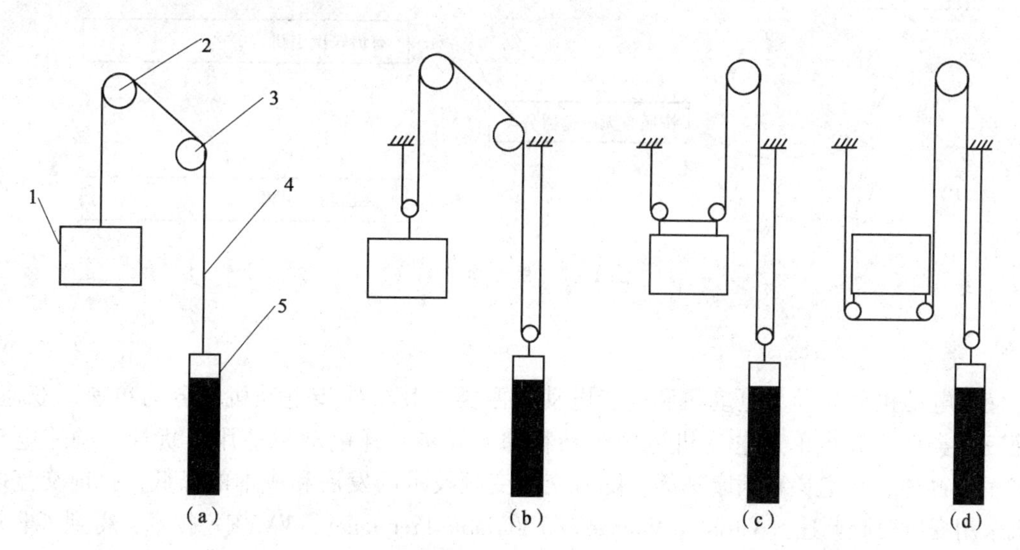


图 1－1　电梯曳引系统示意图

1—轿厢；2—曳引轮；3—导向轮；4—曳引绳；5—对重

故障排查的前提是认识故障现象，如何诊断故障首先得熟悉曳引系统的结构组成，本部分内容先简单介绍曳引系统的结构组成，为后续故障现象及排查奠定基础。

# 第一节　电梯曳引系统结构

## 一、曳引机

曳引机是电梯运行的动力来源，在行业中多称为主机，其作用就是产生动力驱动轿厢和对重做上下往复运动。曳引机一般由曳引电动机、制动器、减速器、曳引轮、盘车手轮等组成。曳引机工作时，曳引轮旋转，缠绕在曳引轮绳槽中的曳引绳由于受到曳引轮绳槽对其摩擦力的作用而被驱动，从而带动轿厢和对重运行。

为便于后续分析曳引机的故障现象，就曳引机的结构及形式进行分类。国内外曳引机技术发展非常快，出现了很多新型的曳引机，从驱动电机和机械结构两方面进行分类，如图 1－2 所示。

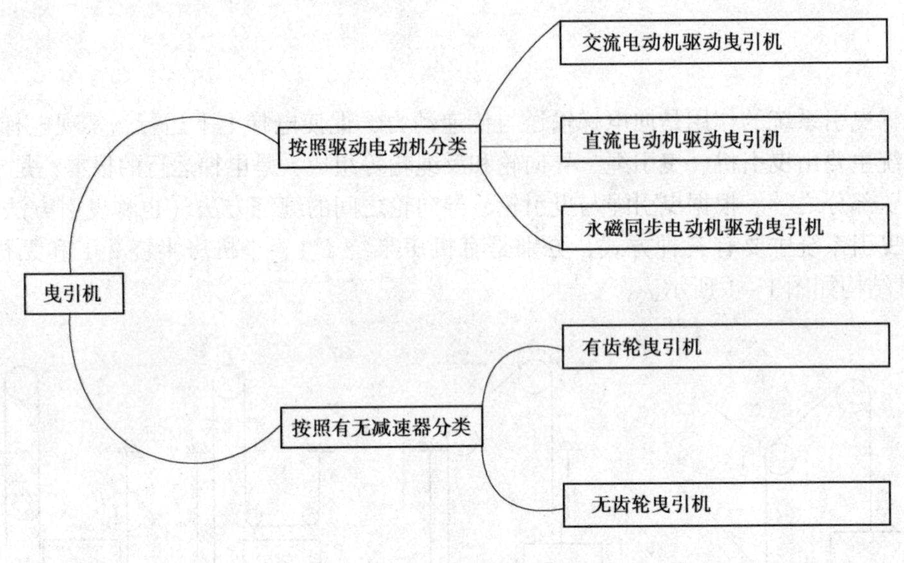


图 1－2　曳引机分类

### 1. 交流电动机驱动曳引机

交流电动机分为异步电动机和同步电动机两类，其中异步电动机又分为单速、双速、调速三种类型。异步单速电动机适用于杂物梯，异步双速电动机适用于货梯，调速电动机多用于客梯、住宅梯和病床梯等。随着交流变频技术的发展和成本的降低，目前交流电动机采用变压变频调速（Variable Voltage and Variable Frequency，VVVF）技术，得到了非常广泛的使用。

### 2. 直流电动机驱动曳引机

直流电动机调速和控制较为方便，运行速度平稳，传动效率高，在电梯上得到了较多的应用，一般在超高速电梯上大量使用。直流电动机的缺点是结构复杂，必须配备交、直流转换设备，价格昂贵，随着电子及电工技术的发展，此问题逐步得到了较好的解决。

3. 永磁同步电动机驱动曳引机

永磁同步电动机驱动曳引机，也称永磁同步无齿轮曳引机，主要由永磁同步电动机、曳引轮及制动系统组成。永磁同步电动机采用高性能永磁材料和特殊的电机结构，具有节能、环保、低速、大转矩等特性。曳引轮与制动轮为同轴固定连接，采用双点支撑；由制动器、制动轮、制动臂和制动闸瓦等组成曳引机的制动系统。永磁同步无齿轮曳引机以其节省能源、体积小、低速运行平稳、噪声低、免维护等优点，越来越引起电梯行业的广泛关注。

4. 有齿轮曳引机

有齿轮曳引机一般使用在运行速度不超过 2.0 m/s 的各种交流双速和交流调速客梯、货梯及杂物梯上，为了减少齿轮减速器运行噪声，增加工作平稳性，多采用蜗轮蜗杆减速，具有工作平稳可靠、无冲击噪声、减速比大、反向自锁、体积小、结构紧凑等优势。由于蜗轮与蜗杆在运行时啮合面间相对滑动速度较大，润滑不良，齿面易磨损。有齿轮曳引机如图 1 - 3 所示。

图 1 - 3 有齿轮曳引机

5. 无齿轮曳引机

无齿轮曳引机即取消了齿轮减速器，将曳引电动机与曳引轮直接相连，中间位置安装制动器的曳引机。此类曳引机一般多用于轿厢运行速度大于 2 m/s 的高速电梯上，其曳引轮安装在曳引电动机轴上，没有机械减速装置，机构简单。曳引电动机是为电梯拖动专门设计制造的，能适应电梯工作特点，具有良好的调速性能的直流电动机、交流电动机或永磁同步电动机。

由于没有齿轮减速器的增扭作用，此类曳引机制动器工作时所需要的制动力矩比有齿轮曳引机大许多，所以无齿轮曳引机中体积最大的就是制动器。加上无齿轮曳引机多用于复绕式结构，所以曳引轮轴轴承的受力要远大于有齿轮曳引机，相应轴的直径也较大。无齿轮曳引机如图 1 - 4 所示。

6. 永磁同步无齿轮曳引机与传统曳引机的比较

永磁同步无齿轮曳引机是近些年来得到迅速发展的新型曳引机，与传统曳引机相比，永磁同步无齿轮曳引机具有以下主要特点。

(1) 整体成本较低

传统曳引机体积庞大，需要专用的机房，而且机房面积也较大，增加了建筑成本；永磁

图 1－4　无齿轮曳引机

同步无齿轮曳引机则结构简单，体积小，重量轻，可适用于无机房状态，即使安装在机房也仅需很小的面积，使得电梯整体成本降低。

（2）节约能源

传统曳引机采用齿轮传动，机械效率较低，能耗高，电梯运行成本较高；永磁同步无齿轮曳引机由于采用了永磁材料，没有了励磁线圈和励磁电流消耗，使得电动机功率因数得以提高，与传统有齿轮曳引机相比，能源消耗可以降低 40% 左右。

（3）噪声低

传统有齿轮曳引机采用齿轮啮合传递功率，所以齿轮啮合产生的噪音较大，并且随着使用时间的增加，齿轮逐渐磨损，导致噪声加剧；永磁同步无齿轮曳引机采用非接触的电磁力传递功率，完全避免了机械噪声、振动、磨损。传统曳引电动机转速较快，产生了较大的运转和风噪；永磁同步无齿轮曳引机本身转速较低，噪声及振动小，所以整体噪声和振动得到明显改善。

（4）高性价比

永磁同步无齿轮曳引机取消了齿轮减速箱，简化了结构，降低了成本，减轻了重量；并且传动效率的提高可节省大量的电能，运行成本低。

（5）安全可靠

永磁同步无齿轮曳引机运行中，当三相绕组短接时，轿厢的动能和势能可以反向拖动电动机进入发电制动状态，并产生足够大的制动力矩阻止轿厢超速，所以能避免轿厢冲顶或蹲底事故，当电梯突然断电时，可以松开曳引机制动器，使轿厢缓慢地就近平层，解救乘员。另外，永磁同步电动机具有启动电流小、无相位差的特点，使电梯启动、加速和制动过程更加平顺，改善了电梯舒适感。

每一个机械结构件都有一套标准来规范其设计、制造、安装等过程，电梯属于特种设备之一，从设计到制造到最后功能丧失后的注销，都有相应的标准规范及过程。针对电梯曳引系统有关标准的详细内容如表 1－1 所示。

表 1-1 曳引系统标准对接

<table>
<tr><th>标准名称</th><th>部件名称</th><th>标准规定</th></tr>
<tr><td>《电梯制造与安装安全规范》（GB 7588—2003）</td><td>曳引机</td><td>12.1 总则<br>每部电梯至少应有一台专用的电梯驱动主机。<br>12.2 轿厢和对重（或平衡重）的驱动<br>12.2.1 允许使用两种驱动方式：<br>a）曳引式（使用曳引轮和曳引绳）；<br>b）强制式，即：<br>1）使用卷筒和钢丝绳；或<br>2）使用链轮和链条。<br>对强制式电梯额定速度不应大于 0.63 m/s，不能使用对重，但可使用平衡重。<br>在计算传动部件时，应考虑到对重或轿厢压在其缓冲器上的可能性。<br>12.2.2 可以使用皮带将单台或多台电机连接到机—电式制动器（见 12.4.1.2）所作用的零件上。皮带不得少于两条。</td></tr>
<tr><td rowspan="2">《电梯技术条件》（GB 10058—2009）</td><td>曳引机</td><td>3.5.1 驱动主机应符合 GB 7588—2003 中第 12 章的规定。<br>3.5.2 制动系统应具有一个机—电式制动器（摩擦型）。<br>a）当轿厢载有 125% 额定载重量并以额定速度向下运行时，操作制动器应能使曳引机停止运转。轿厢的减速度不应超过安全钳动作或轿厢撞击缓冲器所产生的减速度。所有参与向制动轮（或盘）施加制动力的制动器机械部件应分两组装设。如果一组部件不起作用，则应仍有足够的制动力使载有额定载重量以额定速度下行的轿厢减速下行。<br>b）被制动部件应以机械方式与曳引轮或卷筒、链轮直接刚性连接。<br>3.5.3 驱动主机在运行时不应有异常的振动和异常的噪声。制动器线圈和电动机定子绕组的温升及驱动主机减速箱体内的油温均不应大于 GB/T 24478—2009 中 4.2.3.2 的规定。<br>3.5.4 驱动主机减速箱箱体分割面、观察窗（孔）盖等处应紧密连接，不允许渗漏油。电梯正常工作时，减速箱轴伸出端每小时渗漏油面积不应超过 GB/T 24478—2009 中 4.2.3.8 的规定。<br>3.5.5 驱动主机装配后应按 GB/T 24478—2009 进行检验。</td></tr>
<tr><td>整机性能</td><td>3.3.1 当电源为额定频率和额定电压时，载有 50% 额定载重量的轿厢向下运行至行程中段（除去加速和减速段）时的速度，不应大于额定速度的 105%，宜不小于额定速度的 92%。<br>3.3.2 乘客电梯启动加速度和制动减速度最大值均不应大于 $1.5\ m/s^2$。<br>3.3.3 当乘客电梯额定速度为 $1.0\ m/s < v \leq 2.0\ m/s$ 时，按 GB/T 24474—2009 测量，A95 加、减速度不应小于 $0.50\ m/s^2$；当乘客电梯额定速度为 $2.0\ m/s < v \leq 6.0\ m/s$ 时，A95 的加、减速度不应小于 $0.70\ m/s^2$。<br>3.3.4 乘客电梯的中分自动门和旁开自动门开关门时间宜不大于表 1 规定的值。<br>表 1 乘客电梯的开关门时间 单位：s<br><table>
<tr><td rowspan="2">开门方式</td><td colspan="4">开门宽度（B）/mm</td></tr>
<tr><td>$B \leq 800$</td><td>$800 < B \leq 1\ 000$</td><td>$1\ 000 < B \leq 1\ 100$</td><td>$1\ 100 < B \leq 1\ 300$</td></tr>
<tr><td>中分自动门</td><td>3.2</td><td>4.0</td><td>4.3</td><td>4.9</td></tr>
<tr><td>旁开自动门</td><td>3.7</td><td>4.3</td><td>4.9</td><td>5.9</td></tr>
<tr><td colspan="5">注 1：开门宽度超过 1 300 mm 时，其开门时间由制造商与客户协商确定。<br>注 2：开门时间是指开门启动至达到开门宽度的时间，关门时间是指关门启动至 GB 7588—2003 7.7.3.1、7.7.4.8.9 证实层门锁紧装置、轿门锁紧装置（如果有）以及层门、轿门关闭状态的电气安全装置的触点完全接通的时间。</td></tr>
</table></td></tr>
</table>

续表

<table>
<tr><th>标准名称</th><th>部件名称</th><th>标准规定</th></tr>
<tr><td>《电梯技术条件》<br>（GB 10058—2009）</td><td>整机性能</td><td>3.3.5　乘客电梯轿厢运行在恒加速度区域内的垂直（$Z$ 轴）振动的最大峰峰值不应大于 0.30 $m/s^2$，A95 峰峰值不应大于 0.20 $m/s^2$。<br>乘客电梯轿厢运行期间水平（$X$ 轴和 $Y$ 轴）振动的最大峰峰值不应大于 0.20 $m/s^2$，A95 峰峰值不应大于 0.15 $m/s^2$。<br>注：按 GB/T 24472—2009 测量，用计权的时域记录振动曲线中的峰峰值。<br>3.3.6　电梯的各机构和电气设备在工作时不应有异常振动或撞击声响。乘客电梯的噪声值应符合表 2 规定。<br>表 2　乘客电梯的噪声值　　单位：dB（A）
<table>
<tr><td>额定速度 $v/(m \cdot s^{-1})$</td><td>$v \leqslant 2.5$</td><td>$2.5 < v \leqslant 6.0$</td></tr>
<tr><td>额定速度运行时机房内平均噪声值</td><td>≤80</td><td>≤85</td></tr>
<tr><td>运行中轿厢内最大噪声值</td><td>≤55</td><td>≤60</td></tr>
<tr><td>开关门过程最大噪声值</td><td colspan="2">≤65</td></tr>
<tr><td colspan="3">注：无机房电梯的“机房内平均噪声值”是指距离曳引机 1 m 处所测得的平均噪声值。</td></tr>
</table>
3.3.7　电梯轿厢的平层准确度宜在 ±10 mm 范围内。平层保持精度宜在 ±20 mm 范围内。<br>3.3.8　曳引式电梯的平衡系数应在 0.4～0.5 范围内。</td></tr>
<tr><td>《电梯监督检验和定期检验规则——曳引与强制驱动电梯》<br>（TSG T7001—2009）</td><td>驱动主机</td><td>2.7　驱动主机<br>（1）驱动主机上设有铭牌，标明制造单位名称、型号、编号、技术参数和型式试验机构标识，铭牌和型式试验证书内容应当相符；<br>（2）驱动主机工作时应当无异常噪声和振动；<br>（3）曳引轮不得有裂纹，轮槽不得有缺损或不正常磨损；如果轮槽的磨损可能影响曳引能力时，应当进行曳引能力验证试验；<br>（4）制动器动作灵活，制动时制动闸瓦（制动钳）紧密、均匀地贴合在制动轮（制动盘）上，电梯运行时制动闸瓦（制动钳）与制动轮（制动盘）不发生摩擦；并且制动闸瓦（制动钳）以及制动轮（制动盘）工作面上没有油污；<br>（5）手动紧急操作装置符合以下要求：<br>①对于可拆卸盘车手轮，设有一个电气安全装置，最迟在盘车手轮装上电梯驱动主机时动作；<br>②松闸扳手涂成红色，盘车手轮是无辐条的并且涂成黄色，可拆卸盘车手轮放置在机房内容易接近的明显部位；<br>③在电梯驱动主机上接近盘车手轮处，明显标出轿厢运行方向，如果手轮是不可拆卸的可以在手轮上标出；<br>④能够通过操纵手动松闸装置松开制动器，并且需要以一个持续力保持其松开状态；<br>⑤进行手动紧急操作时，易于观察到轿厢是否在开锁区。</td></tr>
</table>

## 二、制动器

制动器是电梯驱动主机乃至整个电梯系统最关键的安全部件之一，制动器失效对电梯安全运行威胁极大，是最有可能发生剪切和挤压伤害的直接原因。而且由于制动器失灵造成的危险依靠其他安全部件进行替换保护也是极其困难的。

制动弹簧、制动臂、制动衬、制动瓦块、制动瓦块调节装置、制动器销轴和制动鼓等部件构成，如图1－8所示。

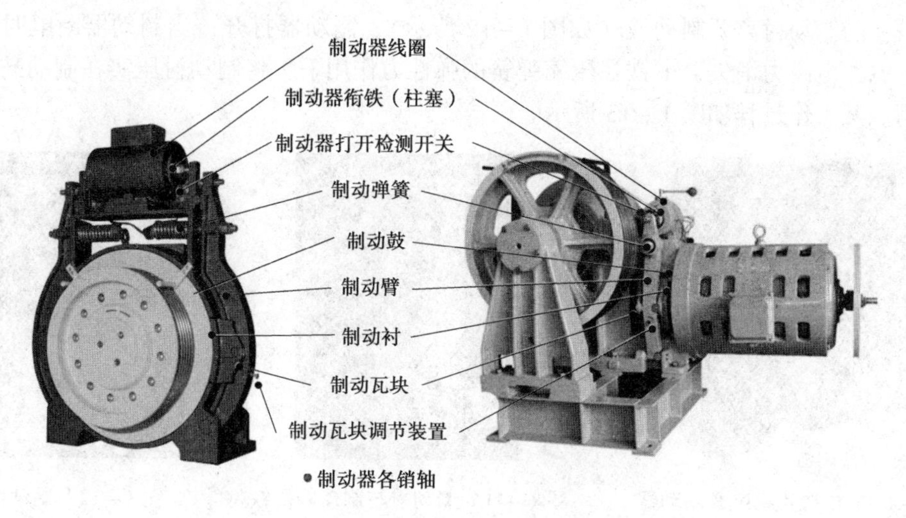


图1－8　鼓式制动器（抱闸式制动器）结构

（2）电磁直推鼓式制动器的结构与原理

伴随着永磁同步无齿轮曳引机大规模应用，由于取消了曳引机减速箱，将曳引轮与制动鼓直接连接，制动器直接安装在了曳引轮侧的低速端，由此对制动器的制动力提出了更高的要求。为了保证制动器能够提供足够制动力，制动鼓的直径必须大于曳引轮的直径，制动鼓与曳引轮直径的比例越大，制动器需要提供的制动力就越小；同时曳引轮的直径不能无限度缩小，其节圆直径至少应达到曳引钢丝绳直径的40倍，因此只能通过增加制动鼓的直径，来降低对制动力的要求。

制动鼓直径增加之后，对于鼓式制动器的设计布局带来了困难。为了匹配更大直径的制动鼓，制动臂的长度不得不设计得越来越长，造成制动器过大过高。为了提高制动器的制动力，必须采用弹性系数更大的压缩弹簧，这又反过来要求制动器线圈能够提供足够的电磁力，推动衔铁打开制动臂，部分制动器因此在柱塞的端部采用了省力杠杆设计，其结构如图1－9所示。

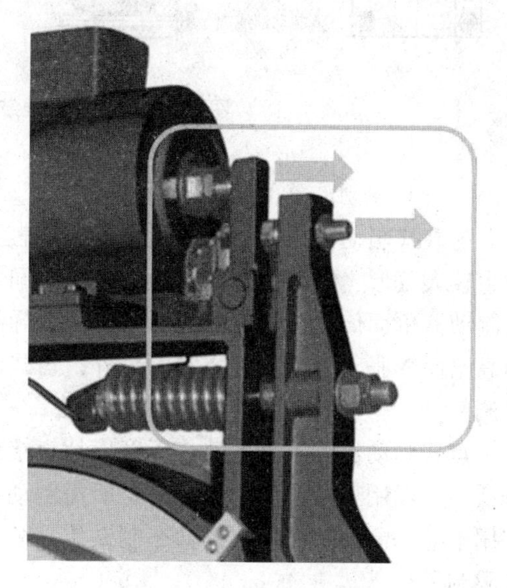

图1－9　衔铁（柱塞）端部的省力杠杆结构

电磁直推鼓式制动器（如图1－10所示）的出现，取消了鼓式制动器中复杂的制动器柱塞、制动臂等结构，将制动器柱塞、制动臂、制动瓦块、制动衬全部集中在衔铁上（如图1－11所示），并将制动器线圈和制动弹簧集成于衔铁外侧的制动器底座上，制动器外形紧凑、结构简单，同时制造成本更低，维修调整也更为方便。

当制动器通电，制动器线圈产生电磁力吸引衔铁，构成闭合磁回路，同时随着衔铁的运动，衔铁上的制动衬离开制动鼓（如图 1－12 所示），制动器打开；当制动器断电时，制动器线圈失电，电磁力消失，衔铁在压缩弹簧的弹性力作用下，将制动衬压实在制动鼓上，制动器关闭。其工作过程如图 1－13 所示。

图 1－10 电磁直推鼓式制动器

图 1－11 制动衬与制动器衔铁

图 1－12 制动鼓

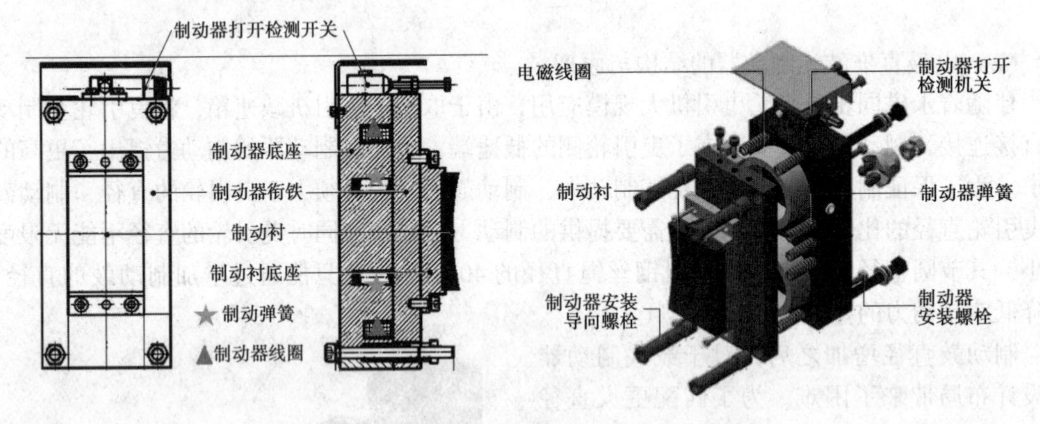

图 1－13 电磁直推鼓式制动器工作过程示意图

（3）盘式制动器的结构与原理

与鼓式制动器相比，盘式制动器工作表面为平面且两面传热，圆盘旋转容易冷却，不易发生较大变形，制动效能较为稳定，长时间使用后制动盘因高温膨胀使制动作用增强；而鼓式制动器单面传热，内外两面温差较大，导致制动鼓容易变形，同时长时间制动后，制动鼓因高温而膨胀，制动效能减弱。另外，盘式制动器结构简单，维修方便，易实现制动间隙自动调整。

盘式制动器的不足之处在于摩擦片直接作用在圆盘上，无自动摩擦增力作用，制动效能较低，所以用于液压制动系统时若所需制动促动管路压力较高，须另行装设动力辅助装置；兼用于驻车制动时，加装的驻车制动传动装置比鼓式制动器要复杂，因而在后轮上的应用受到限制。

其中钳盘式制动器又可以分为固定（卡）钳盘式制动器和浮动（卡）钳盘式制动器，通常用于 4 m/s 以上高速电梯的曳引机制动器中，本文暂不做讨论。

3. 制动器的工作特点

电梯曳引机制动器必须是在通电时解除制动，使电梯得以运行；当电梯动力电源或控制电源断电时，或电梯运行超限、超速、出现故障时立即制动，使电梯停止运行或不能启动，保证了电梯在停电及各种非常事故发生时，制动器能实现制动可靠。当电梯正常运行时，制动器必须完全释放，制动闸瓦不得与制动轮发生任何接触。制动器是电梯中工作最为频繁的装置之一，也是对安全运行作用最大的装置。

制动器的国家标准如表 1－2 所示。

**表 1－2　制动器标准**

| 标准名称 | 部件名称 | 标准规定 |
|---|---|---|
| 《电梯制造与安装安全规范》（GB 7588—2003） | 制动器 | 12.4.1.1　电梯必须设有制动系统，在出现下述情况时能自动动作：a）动力电源失电；b）控制电路电源失电。<br>12.4.1.2　制动系统应具有一个机—电式制动器（摩擦型）。此外，还可装设其他制动装置（如电气制动）。<br>12.4.2.1　机—电式制动器<br>当轿厢载有 125% 额定载荷并以额定速度向下运行时，操作制动器应能使曳引机停止运转。<br>在上述情况下，轿厢的减速度不应超过安全钳动作或轿厢撞击缓冲器所产生的减速度。<br>所有参与向制动轮或盘施加制动力的制动器机械部件应分两组装设。如果一组部件不起作用，应仍有足够的制动力使载有额定载荷以额定速度下行的轿厢减速下行。<br>电磁线圈的铁芯被视为机械部件，而线圈则不是。<br>12.4.2.2　被制动部件应以机械方式与曳引轮或卷筒、链轮直接刚性连接。<br>12.4.2.3　正常运行时，制动器应在持续通电下保持松开状态。<br>12.4.2.3.1　切断制动器电流，至少应用两个独立的电气装置来实现，不论这些装置与用来切断电梯驱动主机电流的电气装置是否为一体。<br>当电梯停止时，如果其中一个接触器的主触点未打开，最迟到下一次运行方向改变时，应防止电梯再运行。<br>12.4.2.3.2　当电梯的电动机有可能起发电机作用时，应防止该电动机向操纵制动器的电气装置馈电。<br>12.4.2.3.3　断开制动器的释放电路后，电梯应无附加延迟地被有效制动。<br>注，使用二极管或电容器与制动器线圈两端直接连接不能看做延时装置。<br>12.4.2.4　装有手动紧急操作装置（见 12.5.1）的电梯驱动主机，应能用手松开制动器并需要以一持续力保持其松开状态。<br>12.4.2.5　制动闸瓦或衬垫的压力应用有导向的压缩弹簧或重铊施加。<br>12.4.2.6　禁止使用带式制动器。<br>12.4.2.7　制动衬应是不易燃的。 |

## 三、减速器

对于有齿轮曳引机，减速器安装在电动机转轴与曳引轮轴之间。它可以将电动机的转速降至曳引轮所需要的转速，并且可以增大扭矩，以适应电梯运行的要求。

根据机械结构原理分类，在电梯上常用的减速器有蜗轮蜗杆减速器、行星齿轮减速器、斜齿轮减速器三种类型，如图 1－14 所示。

蜗轮蜗杆减速器

行星齿轮减速器

斜齿轮减速器

图1－14　减速器类型

齿轮减速的特点：

（1）蜗轮蜗杆减速

①具有自锁性。当蜗杆的导程角小于啮合轮齿间的当量摩擦角时，机构具有自锁性，可实现反向自锁，即只能由蜗杆带动蜗轮，而不能由蜗轮带动蜗杆。在电梯曳引机上使用的自锁蜗杆机构，其反向自锁性可起安全保护作用。

②传动效率较低，磨损较严重。蜗轮蜗杆啮合传动时，啮合轮齿间的相对滑动速度大，故摩擦损耗大、效率低。

③相对滑动速度大使齿面磨损严重、发热严重，为了散热和减小磨损，常采用价格较为昂贵的减摩性与抗磨性较好的材料及良好的润滑装置，因而成本较高。

（2）斜齿轮减速

①啮合性能好，振动低、噪声小、传动平稳。

②重合度大，降低了每对轮齿的载荷，相对地提高了齿轮的承载能力，寿命长。

③因为面接触，受力面积大，传动的扭矩大。

④斜齿轮的许用最少齿数比直齿轮的最少齿数少，故斜齿轮不易发生根切。

⑤结构紧凑，体积小，重量轻，传动精度高。

⑥价格较高，人字形斜齿轮具有很高技术含量，制造较为麻烦。

（3）行星齿轮减速

①体积小，重量轻，承载能力高，使用寿命长，运转平稳，噪声低，输出扭矩大，速比大，效率高，性能安全。

②兼具功率分流、多齿啮合独用的特性。

③材料优质，结构复杂，制造和安装较困难些。

## 四、曳引轮

曳引轮是曳引机上嵌挂曳引绳的装置，曳引轮通过和嵌挂在绳槽中的曳引钢丝绳之间的摩擦力，将能量传递给轿厢和对重，实现轿厢和对重的上下运行。曳引轮装在减速器中的蜗轮轴上，如果是无齿轮曳引机，则装在制动器的旁边，与电动机轴、制动器轴同轴。

1. 曳引轮的结构

①曳引轮直径是钢丝绳直径的40倍以上，如表1-3所示。在实际中，一般取45~60倍。

表1-3　曳引轮、滑轮和卷筒的绳径比

| 标准名称 | 部件名称 | 标准规定 |
|---|---|---|
| 《电梯制造与安装安全规范》(GB 7588—2003) | 悬挂装置 | 9.2.1　不论钢丝绳的股数多少，曳引轮、滑轮或卷筒的节圆直径与悬挂绳的公称直径之比不应小于40。 |

②曳引轮由两部分构成：一是轮筒，二是轮圈（轮缘上开有绳槽），如图1-15所示。外轮圈与内轮筒套装，并用铰制螺栓连接；曳引轮的轴就是减速器的蜗轮轴。

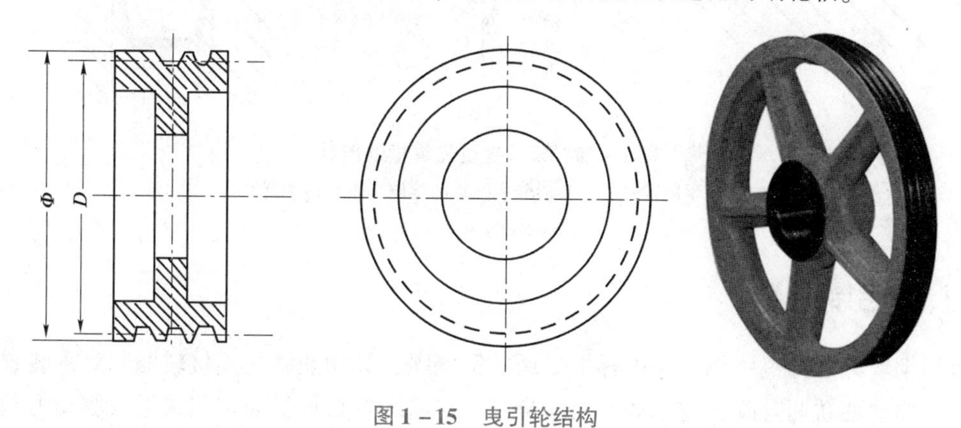


图1-15　曳引轮结构

2. 曳引轮绳槽分类

曳引轮靠钢丝绳与绳槽间的摩擦力来传递动力，当曳引轮两侧的钢丝绳有一定拉力差时，应保证钢丝绳与绳槽之间不打滑。

摩擦力（曳引力）的大小、曳引钢丝的寿命与曳引轮绳槽的形状直接有关。

①半圆槽，也称U形槽，多用在全绕式高速电梯上，还广泛用于导向轮、轿顶轮和对重轮。如图1-16（a）所示。

优点：槽形与钢丝绳形状相似，与钢丝绳的接触面积大，对钢丝绳挤压力较小，钢丝绳变形小，利于延长钢丝绳和曳引轮寿命。

缺点：绳槽与钢丝绳间的摩擦系数小，绳易打滑。

措施：为提高曳引能力，必须用复绕曳引绳的方法，以增大曳引绳在曳引轮上的包角。

②楔形槽，也称V形槽。如图1-16（b）所示。

优点：槽形与钢丝绳接触面积较小，钢丝绳受到比较大挤压，单位面积的压力较大，钢丝绳变形大，可以获得较大的摩擦力。

缺点：绳槽与钢丝绳间的磨损比较严重，磨损后的曳引绳中心下移，楔形槽与带切口的半圆槽形状相近，传递能力下降，使用范围受到限制，一般只用在杂货梯等轻载低速电梯。

③凹形槽（带切口半圆槽），广泛应用于各类电梯上。如图1-16（c）所示。

带切口半圆槽，使钢丝绳在沟槽处发生弹性变形，一部分楔入槽中，当量摩擦系数大为增加，可为半圆槽的1.5～2倍。

增大槽形中心角$\alpha$，提高当量摩擦系数，$\alpha$最大限度为120°，实用中常取90°～110°。

当槽形磨损，钢丝绳中心下移时，则中心角口大小基本不变，使摩擦力也基本保持不变。

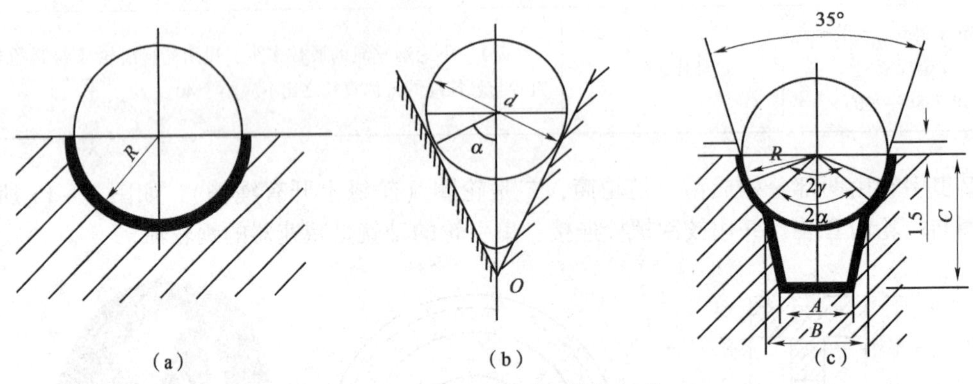


图1－16　三种曳引轮绳槽的形状

(a) 半圆槽；(b) V形槽；(c) 凹形槽（带切口半圆槽）

## 五、曳引钢丝绳

曳引钢丝绳也称曳引绳，是电梯上专用的钢丝绳，其功能就是连接轿厢和对重装置，并被曳引机驱动使轿厢升降，它承载着轿厢自重、对重装置自重、额定载重量及驱动力和制动力的总和。

### 1. 曳引钢丝绳的结构及材料要求

曳引钢丝绳由钢丝、绳股和绳芯组成。钢丝是钢丝绳基本强度单元，要求有很高的韧性和强度；质量据韧性大小，即耐弯次数多少，分特级、Ⅰ级、Ⅱ级，电梯采用特级钢丝。绳股是用钢丝捻成的每一根小绳。按绳股的数目有6、8和18股绳之分，电梯一般采用8股。绳芯是挠性芯棒，起支承和固定绳股的作用，能储存润滑油。绳芯分纤维芯和金属芯，电梯曳引钢丝绳多采用纤维芯。如图1－17所示。

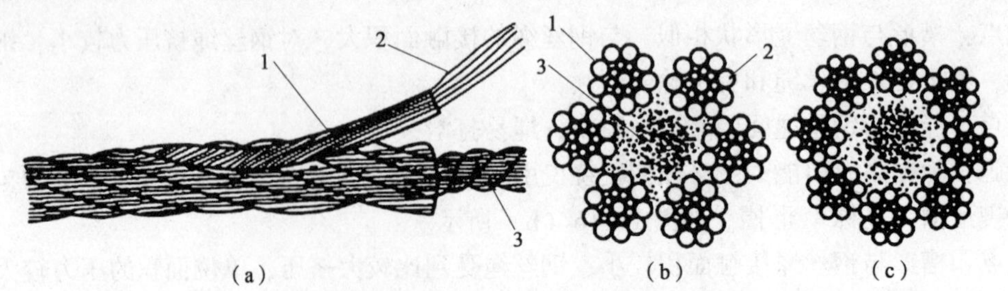


图1－17　曳引钢丝绳结构图

(b)、(c) 图为 (a) 图钢丝绳截面放大；(b) 图为圆股等绞距6×19（9/9/1）曳引钢丝绳；(c) 图为圆股等绞距8×19（9/9/1）曳引钢丝绳

1—绳股；2—钢丝；3—绳芯

2. 曳引钢丝绳端接装置的类型与原理

(1) 曳引钢丝绳端接装置的类型

曳引钢丝绳端接装置（又称绳头组合，如图1－18所示）的作用是固定曳引钢丝绳和调整曳引钢丝绳张力。曳引钢丝绳端接装置主要有金属或树脂填充的绳套、套筒压紧式绳套、环圈压紧式绳环、自锁紧楔形绳套、至少带有三个合适绳夹的鸡心环套、手工捻接绳环等方式，其中金属或树脂填充的绳套、自锁紧楔形绳套、至少带有三个合适绳夹的鸡心环套在电梯中使用较多。

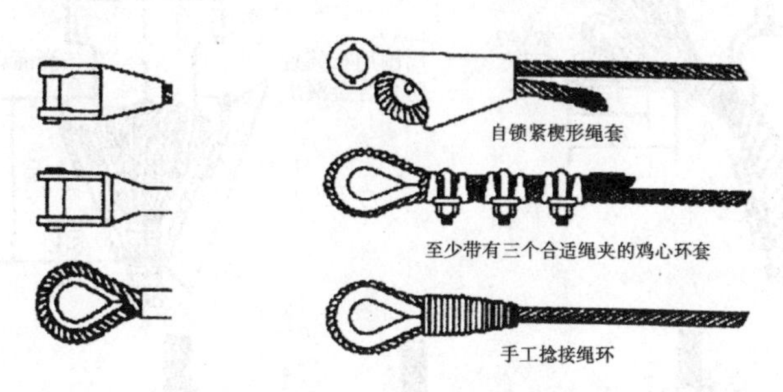


图1－18　绳头组合

当曳引系统中各钢丝绳的张力差较大时，将造成张力较大的钢丝绳磨损严重；同时由于在钢丝绳安全系数计算时假定各钢丝绳之间受力是均匀的，如果各钢丝绳之间张力差较大，曳引钢丝绳长期工作在张力偏大、摩擦力偏大的状态下，钢丝绳及其对应绳槽的磨损速度就会明显快于其他张力较小的钢丝绳，造成曳引钢丝绳提前报废，而且曳引轮也会因为部分绳槽提前磨损落槽而无法继续使用。因此，至少应在悬挂钢丝绳的一端设置一个调节和平衡各绳张力的装置。这个调节装置在一定范围内应能自动平衡各钢丝绳的张力差，起到平衡各钢丝绳张力的作用，还具有降低电梯系统振动的功能。最常见的形式有杠杆式、压缩弹簧和聚氨酯式，如图1－19和图1－20所示。

如果用弹簧来平衡张力，则弹簧应在压缩状态下工作。因为弹簧处于拉伸状态，容易在一段时间之后由于受力而伸长，最终导致弹簧弹性降低影响其平衡各钢丝绳张力的效果。

图1－19　采用压缩弹簧的绳头调节各绳张力

图1－20　采用减震橡胶调节各绳张力

（2）曳引钢丝绳端接装置的原理

①金属或树脂填充的绳套结合部分由锻造或铸造的锥套和浇注材料组成。浇注材料一般为巴氏合金或树脂，浇注前将钢丝绳端部的绳股解开，编成“花篮”后套入锥套中。浇注后“花篮”与凝固材料牢固结合，不能从锥套中脱出。如图 1－21 所示。

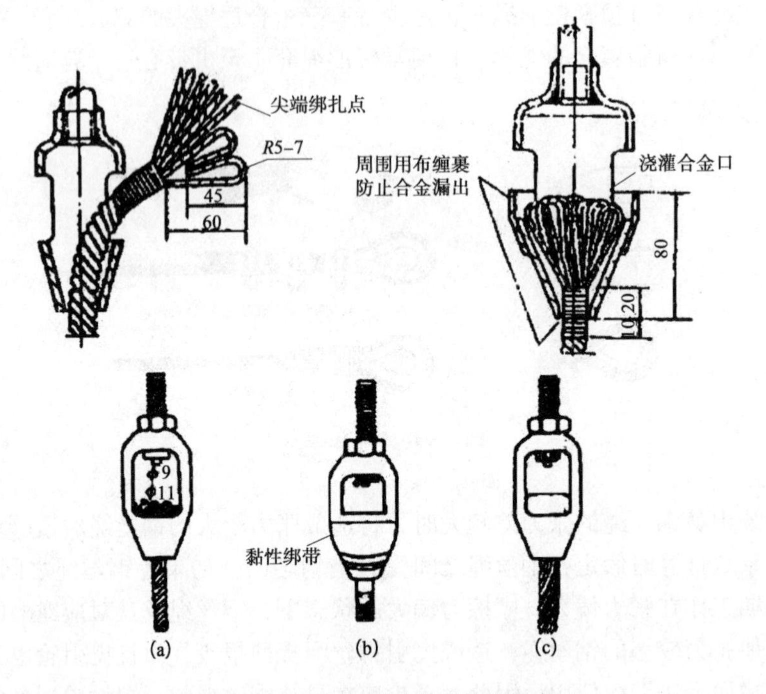


图 1－21　用金属或树脂填充绳套

1. 将钢丝绳头留出 105～110 mm 的距离用细铅丝绑扎，然后清洗干净；
2. 将钢丝绳穿入绳套内、将每股分散开（每股端部绑扎防止散丝），去掉麻芯；
3. 各绳股顺劲向中心弯曲，拉入锥套内，如图（a）；
4. 熔化巴士合金温度至 270 ℃～400 ℃（牛皮纸放入后就点燃时的温度即可）；
5. 用喷灯将锥套加热至 40 ℃～50 ℃，用黏性绑带绑扎锥套头，如图（b）；
6. 要求浇铸巴氏合金时锥套下面 1 m 的长度保持直线并且一次与锥套浇平，不准一个锥套二次浇灌；
7. 巴氏合金要高出绳套 10～15 mm，如图（c）

②自锁紧楔形绳套结合部分由楔套、楔块、开口销和浇注材料组成。在钢丝绳拉力的作用下，依靠楔块斜面与楔套内孔斜面自动将钢丝绳锁紧。如图 1－22 所示。

套入楔套靠钢丝绳的拉力锁紧

图 1－22　自锁紧楔形绳套

3. 钢丝绳绳股的捻向及其特性

钢丝在绳股中和股在绳中的捻制螺旋方向，称捻向，股中丝的捻向同绳中股的捻向之间的关系称捻法。

捻向分左捻和右捻两种。把钢丝绳（绳股）垂直放置观察，绳股（钢丝）的捻制螺旋方向，从中心线左侧开始向上、向右的捻向称右捻，可用符号“Z”表示；从中心线右侧开始向上、向左的捻向称左捻，可用符号“S”表示。如图 1－23 所示。

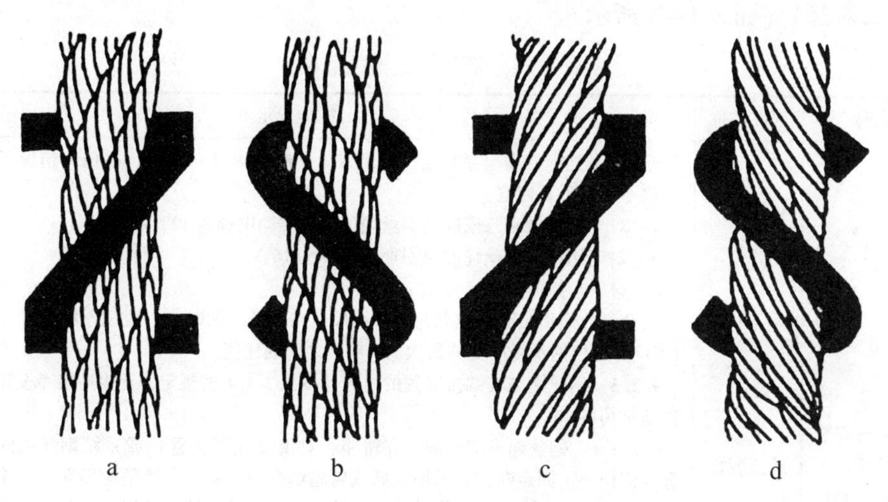


图 1－23　钢丝绳的捻法

(a) 右交互捻；(b) 左交互捻；(c) 右同向捻；(d) 左同向捻

捻法有交互捻和同向捻两种。交互捻指股的捻向与绳的捻向相反，也叫逆捻；同向捻指股的捻向与绳的捻向相同，也叫顺捻。根据捻向和捻法的相互配合，钢丝绳捻法分右交互捻、左交互捻、右同向捻、左同向捻。右交互捻指的是钢丝绳为右捻，绳股为左捻；左交互捻指的是钢丝绳为左捻，绳股为右捻；右同向捻是指钢丝绳和绳股的捻向均为右捻；左同向捻是指钢丝绳和绳股的捻向均为左捻。

(1) 交互捻钢丝绳特性

交互捻的钢丝绳从外形看，外层钢丝的位置几乎与钢丝绳的纵向轴线相平行，因而交互捻钢丝绳在使用时的特性是：

①表面钢丝与其卷筒或滑轮表面接触长度较短，即支撑表面小磨损较快，并且在使用中，绳内钢丝受较大挤压时不易向两旁分开，容易产生不均匀磨损，钢丝易爆断。

②由于捻向不同，钢丝绳的内部钢丝排列位向不同，会引起其性能的差异，且捻制变形较大，柔软性较差，使用时钢丝所受的弯曲应力较大。

③由于交互捻捻制后绳和股内残余应力或受载时引起的旋转力矩可互相抵消一部分，不易引起钢丝绳松散和使用时的旋转，即松捻。

④交互捻钢丝绳中钢丝与绳中心线倾斜仅在 0°～5°，表面外观平整，使用时平稳、振动小。

(2) 同向捻钢丝绳特性

同向捻钢丝绳从外形看，外层钢丝的位置与钢丝绳的纵向轴线相倾斜，倾角达 30°左右。同向捻钢丝绳的特性是：

①使用时表层钢丝与卷筒或滑轮表面接触区域较长，即支撑表面大，因此耐磨性好。

②柔软性较好，有较好的抗弯曲疲劳性。

③由于捻向一致，捻成绳后的钢丝总弯扭变形较小，使用时绳内钢丝受力较均匀，对提高钢丝绳疲劳寿命也有利。

④自转性稍大，容易发生松捻和扭结现象，一般在两端固定的场合使用较为合适。

【标准对接】（如表 1－4 所示）

表 1－4　钢丝绳的相关标准

<table>
<tr><th>标准名称</th><th>部件名称</th><th>标准规定</th></tr>
<tr><td>《电梯制造与安装安全规范》（GB 7588—2003）</td><td>悬挂装置</td><td>9.2.2 悬挂绳的安全系数应按附录 N（标准的附录）计算。在任何情况下，其安全系数不应小于下列值：<br>a）对于用三根或三根以上钢丝绳的曳引驱动电梯为 12；<br>b）对于用两根钢丝绳的曳引驱动电梯为 16；<br>c）对于卷筒驱动电梯为 12；<br>安全系数是指装有额定载荷的轿厢停靠在最低层站时，一根钢丝绳的最小破断负荷（N）与这根钢丝绳所受的最大力（N）之间的比值。<br>9.2.3　钢丝绳与其端接装置的结合处按 9.2.3.1 的规定，至少应能承受钢丝绳最小破断负荷的 80%。<br>9.2.3.1　钢丝绳末端应固定在轿厢、对重（或平衡重）或系结钢丝绳固定部件的悬挂部位上。固定时，须采用金属或树脂填充的绳套、自锁紧楔形绳套、至少带有三个合适绳夹的鸡心环套、手工捻接绳环、环圈（或套筒）压紧式绳环、或具有同等安全的任何其他装置。<br>9.2.3.2　钢丝绳在卷筒上的固定，应采用带楔块的压紧装置，或至少用两个绳夹或具有同等安全的其他装置，将其固定在卷筒上。<br>9.2.4　悬挂链的安全系数不应小于 10。<br>悬挂链安全系数的定义与 9.2.2 中所述钢丝绳的安全系数的定义相似。<br>9.2.5　每根链条的端部应用合适的端接装置固定在轿厢、对重（或平衡重）或系结链条固定部件的悬挂装置上，链条和端接装置的接合处至少应能承受链条最小破断负荷的 80%。</td></tr>
<tr><td>电梯监督检验和定期检验规则——曳引与强制驱动电梯（TSG T7001—2009）</td><td>悬挂装置、补偿装置、旋转部件</td><td>5.1　悬挂装置、补偿装置的磨损、断丝、变形等情况<br>出现下列情况之一时，悬挂钢丝绳和补偿钢丝绳应当报废：<br>①出现笼状畸变、绳股挤出、扭结、部分压扁、弯折；<br>②一个捻距内出现的断丝数大于下表列出的数值时：
<table>
<tr><th rowspan="2">断丝的形式</th><th colspan="3">钢丝绳类型</th></tr>
<tr><th>6×19</th><th>8×19</th><th>9×19</th></tr>
<tr><td>均布在外层绳股上</td><td>24</td><td>30</td><td>34</td></tr>
<tr><td>集中在一根或两根外层绳股上</td><td>8</td><td>10</td><td>11</td></tr>
<tr><td>一根外层绳股上相邻的断丝</td><td>4</td><td>4</td><td>4</td></tr>
<tr><td>股谷（缝）断丝</td><td>1</td><td>1</td><td>1</td></tr>
<tr><td colspan="4">注：上述断丝数的参考长度为一个捻距，约为 6d（d 表示钢丝绳的公称直径，mm）。</td></tr>
</table>
③钢丝绳直径小于其公称直径的 90%；<br>④钢丝绳严重锈蚀，铁锈填满绳股间隙。<br>采用其他类型悬挂装置的，悬挂装置的磨损、变形等不得超过制造单位设定的报废指标。</td></tr>
</table>

续表

| 标准名称 | 部件名称 | 标准规定 |
|---|---|---|
| 电梯监督检验和定期检验规则——曳引与强制驱动电梯（TSG T7001—2009） | 悬挂装置、补偿装置、旋转部件 | 5.2　端部固定<br>悬挂钢丝绳绳端固定应当可靠，弹簧、螺母、开口销等连接部件无缺损。<br>对于强制驱动电梯，应当采用带楔块的压紧装置，或者至少用3个压板将钢丝绳固定在卷筒上。<br>采用其他类型悬挂装置的，其端部固定应当符合制造单位的规定。<br>5.3　补偿装置<br>（1）补偿绳（链）端固定应当可靠；<br>（2）应当使用电气安全装置来检查补偿绳的最小张紧位置；<br>（3）当电梯的额定速度大于3.5 m/s时，还应当设置补偿绳防跳装置，该装置动作时应当有一个电气安全装置使电梯驱动主机停止运转。<br>5.4　钢丝绳的卷绕<br>对于强制驱动电梯，钢丝绳的卷绕应当符合以下要求：<br>（1）轿厢完全压缩缓冲器时，卷筒的绳槽中应当至少保留两圈钢丝绳；<br>（2）卷筒上只能卷绕一层钢丝绳；<br>（3）应当有措施防止钢丝绳滑脱和跳出。<br>5.5　松绳（链）保护<br>如果轿厢悬挂在两根钢丝绳或者链条上，则应当设置检查绳（链）松弛的电气安全装置，当其中一根钢丝绳（链条）发生异常相对伸长时，电梯应当停止运行。<br>5.6　旋转部件的防护<br>在机房（机器设备间）内的曳引轮、滑轮、链轮、限速器，在井道内的曳引轮、滑轮、链轮、限速器及张紧轮、补偿绳张紧轮，在轿厢上的滑轮、链轮等与钢丝绳、链条形成传动的旋转部件，均应当设置防护装置，以避免人身伤害、钢丝绳或链条因松弛而脱离绳槽或链轮、异物进入绳与绳槽或链与链轮之间。 |

# 第二节　电梯曳引系统典型故障排查

## 一、曳引轮与相关部件干涉故障

1. 曳引轮或曳引钢丝绳与其防护装置（防咬入、防脱槽）刮擦，引起异常振动和异常声响

曳引轮或曳引钢丝绳与其防咬入设备的距离不可过大，但是当该间隙过小时，容易引起曳引轮与其罩壳、曳引钢丝绳与防咬入装置刮擦的情况，造成异常的振动和声响。如图 1－24 所示。

图 1－24　曳引轮防咬入装置和防脱槽装置

2. 曳引轮和导向轮防止钢丝绳脱离的装置与钢丝绳间隙过大

为了防止钢丝绳从绳槽上脱离，绳轮防脱槽装置与钢丝绳间隙不应大于钢丝绳直径的 1/2，或至少不大于钢丝绳沉入绳槽的深度，将钢丝绳的运动范围限制在绳槽以内。如图 1－25 和图 1－26 所示。

图 1－25　导向轮防脱槽装置间隙过大

图 1－26　导向轮防脱槽装置间隙正常

## 二、减速机故障

1. 润滑油释放口出现渗漏，或蜗轮蜗杆轴端盖处油封老化出现渗漏

由于蜗轮蜗杆减速机构采用滑动摩擦传动，因此在传动过程中会产生较高的热量，导致减速机各部件产生温升而引起热膨胀。各零件热膨胀程度不同，引起减速机各开口处的密封件（如油封等）失效，出现渗漏，如图 1－27 所示。减速机各零部件的材料特性（包括密封件）、蜗轮蜗杆啮合表面的摩擦系数变大、润滑油型号不匹配或添加量过多、曳引机的装配质量不佳和使用强度过大，都会在一定程度上引起减速机在各开口处出现渗漏。

需要注意的是，上述对于减速机润滑油渗漏的检查，不包括蜗杆与制动器连接的伸出端。

图 1－27　减速机端盖油封处渗漏

2. 润滑油使用时间过长，润滑油变质导致黏稠，油脂内杂质粉末过多，油质变质，导致润滑性能和耐高温性能不佳

有齿轮曳引机在使用过程中，应当根据制造厂家要求定期更换润滑油。润滑油在使用一段时间后，由于机械杂质的污染和来自外界的灰尘，运转机件磨损下来的金属屑以及零件受侵蚀而形成的金属盐，使润滑油变质。润滑油变质后呈深黑色、泡沫多并已出现乳化现象，用手指研磨，无黏稠感，发涩或有异味，滴在白试纸上呈深褐色，无黄色浸润区或黑点很多。如图 1－28 所示。若不及时更换会加速零部件的磨损，蜗轮蜗杆不能充分润滑，长期运行导致磨损，甚至断齿，发生安全事故，因此，经常检查润滑油是否变质并及时更换尤为重要。

图 1－28　变质的润滑油

3. 油位过高导致减速机散热不佳，油温过高超过润滑油工作温度

润滑油在齿轮箱不仅起到润滑的作用还有散热的作用，有低温和高温限制；同时不同温度下润滑油黏度不同，黏度太高其阻力大，且不宜均匀润滑，散热效果不好，油黏度太低在啮合齿面上不能保持足够的油膜，润滑也会不好。其温度的设置与齿轮的转速、载荷和润滑油的性能等有关系。油位的高低影响润滑效果。减速箱中油位过高油量过多，齿轮高速旋转会剧烈搅动润滑油，液体与物体的剧烈碰撞会造成润滑油温度升高，致使润滑油黏度降低。黏度降低过多会造成齿轮与齿面之间润滑油膜的强度不足，油膜容易被破坏，导致相互啮合的齿轮两金属面直接接触，过早地造成齿轮的损坏。

4. 油位过低导致减速机润滑不佳，蜗轮蜗杆不能充分润滑，长期运行导致磨损、甚至断齿

蜗轮蜗杆减速机中，蜗轮一般常采用材质相对较软的锡青铜，而蜗杆则采用较硬质的钢材制造。在减速机运行过程中，蜗轮蜗杆啮合齿面间不断通过滑动摩擦进行传动，材质较硬的蜗杆会不断地磨削蜗轮。在润滑充分的情况下，这种磨削的程度很轻微，蜗轮的寿命可以达到10年以上；但是当润滑油油位过低时，部分齿轮面不能充分润滑，容易导致其快速磨损，如图1－29所示。另外，对于立式和蜗杆上置式安装的蜗轮蜗杆减速机，在电机停转时，润滑油会回流到减速箱底部，使蜗杆和蜗轮啮合齿面处的润滑油流失，失去润滑，再次启动初期过程中齿面得不到有效润滑，因而对于这两种减速机应当尤为注意检查其润滑油的添加量是否足够。需要注意的是，由于蜗杆下置式、立式、蜗杆上置式减速机的结构原因，对所添加的润滑油的黏度有着完全不同的要求，因此在添加润滑油时应当根据制造厂家要求，严格区分三种类型的蜗轮蜗杆减速机所使用的润滑油型号。

图1－29　润滑状态不良引起磨损的蜗轮蜗杆

## 三、联轴器故障

联轴器的结构如图1－30所示。

1. 联轴器各连接螺栓紧固扭力不均，引起联轴器装配后产生歪斜

如果联轴器各连接螺栓在装配过程中的紧固扭力不均，存在差异，会导致联轴器在紧固扭力较大螺栓处的轴向间隙偏小，而在紧固扭力较小螺栓处的轴向间隙偏大，引起联轴器旋转时的轴向位移偏差变大，导致联轴器歪斜。如果联轴器的轴向位移偏差过大，接近甚至超过弹性元件的变形范围，就会导致联轴器旋转时产生周期性的振动。

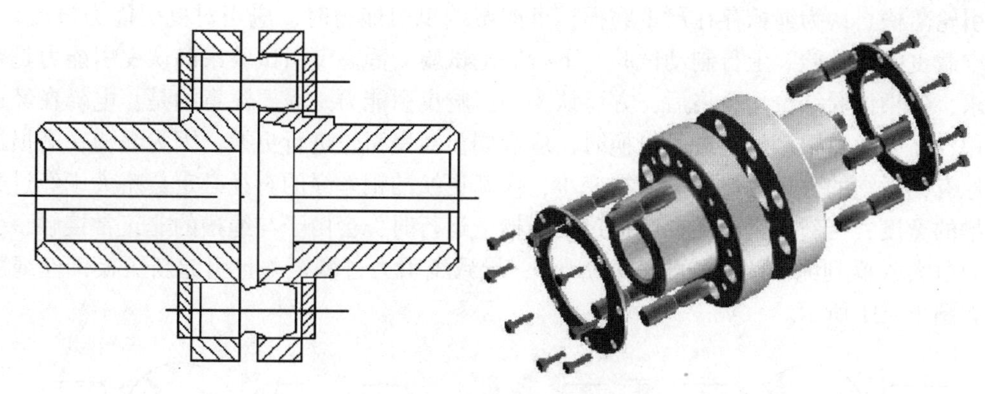

图 1－30　联轴器结构示意图

2．联轴器弹性元件损坏，输入轴驱动输出轴运行过程中失去缓冲

由于联轴器旋转时的轴向位移和径向位移始终存在一定偏差，因此在其旋转过程中，需要依靠弹性体的周期性弹性形变，使联轴器的两侧轴盘始终保持弹性连接状态。如果联轴器的弹性元件出现破裂缺损，或硬化失去弹性等老化现象，就会导致弹性元件无法在高速转转时有效分离两侧轴盘，使轴盘在轴向位移或径向位移最小处发生刚性接触，导致联轴器旋转时产生周期性的振动。

3．联轴器输入轴与输出轴的同轴度差，引起联轴器装配歪斜

如果联轴器旋转时输入轴和输出轴的同轴度过差，轴盘在旋转过程中的轴向位移和径向位移偏差变化范围过大，引起弹性体弹性失效（非金属弹性体压缩或拉伸形变到达一定程度后，其弹性系数会急剧增大，几乎失去弹性），弹性体无法产生有效的周期性弹性形变，使联轴器的两侧轴盘连接在间隙最小点的弹性系数过高，近乎刚性连接状态，也会导致联轴器旋转时产生周期性的振动。

4．联轴器与输入输出轴定位发生改变，各连接螺栓位置发生改变，或更换其他质量的螺栓，引起联轴器动平衡失准，在运行中产生异常振动

用在高速旋转机械上的旋转部件，尤其是大直径的部件（如电机转子等），都必须进行平衡试验。动平衡试验和调整完毕后，会对各部件之间相互配合方位进行标记，拆卸时必须确认这些方位标记（或重新标记），装配时必须按给定的标记组装。如果不按标记任意组装，会导致旋转部件的旋转质心偏离轴心，高速旋转下失衡引起机器振动。因此，联轴器在拆卸重新装配时，必须按照出厂状态的标记组装。在拆卸联轴器并重新组装时，应明确标示原有装配状态下的联轴器与输入输出轴的相对定位。另外，联轴器法兰盘上的连接螺栓是经过称重的，每一螺栓重量基本一致，因此联轴器的螺栓不能随意互换，更不能用其他螺栓任意替换原有螺栓。

## 四、曳引轮绳槽磨损故障

1．绳槽磨损至切口槽底部，导致钢丝绳曳引力明显下降

在实际使用中，切口的开口角度、曳引轮包角和曳引钢丝绳数量在理论上均不会发生改变，但是考虑到曳引轮绳槽的磨损状态，当绳槽切口两缘磨损过度时，曳引钢丝绳高度会下落至与切口底部相接触，会使得切口两缘的比压下降，导致曳引力急剧下降。这种情况被称

为曳引轮落槽。认为绳槽存在严重磨损，可能影响曳引能力时，应当对曳引能力进行试验。通过空载曳引力试验、上行制动试验、下行制动试验、静态曳引试验来确认曳引能力是否符合要求，各项试验结论均合格后，方可认为不影响曳引能力。需要注意的是，电梯在经过长期使用，需要对曳引钢丝绳进行更换时，应当同步对曳引轮进行更换。因为绳槽在磨损过程中，原有钢丝绳的直径也在逐渐磨损变小，而新更换的钢丝绳的直径必定会略大于经过磨损的绳槽的宽度，当新的钢丝绳在磨损过的绳槽上运行时，会由于与绳槽的非正常接触，引起摩擦力过大（受到绳槽两侧的非正常挤压），导致曳引力过剩，并且引起新更换钢丝绳的磨损。如图 1－31 所示。

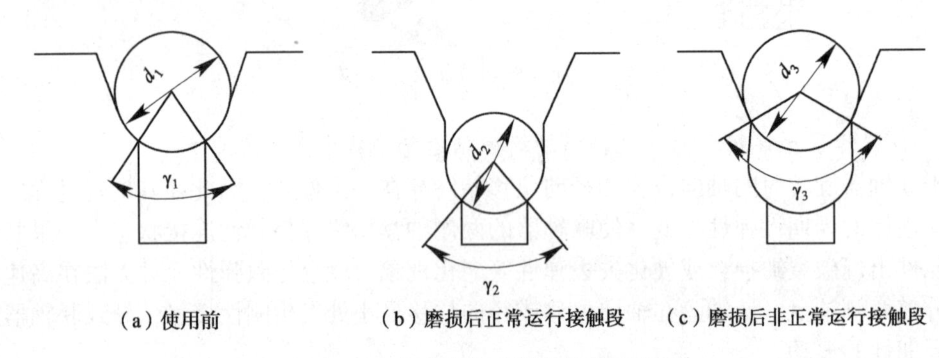


图 1－31　钢丝绳与绳槽的接触示意图

2. 各绳槽磨损不均匀，部分绳槽磨损速度过快，单一绳槽磨损至切口槽底部，引起曳引能力明显下降

在钢丝绳张力调整不均的情况下，张力较大的钢丝绳对绳槽的正压力最大，在电梯运行时该钢丝绳及其绳槽所产生的静摩擦力会更大，因而该绳槽的磨损也会比其他绳槽更快。

当个别绳槽的节圆直径由于磨损过快而明显小于其他绳槽时，该绳槽节圆上的线速度会明显快于其他绳槽，但是电梯运行时所有钢丝绳的线速度是一致的，此时就会导致磨损绳槽上的钢丝绳运行速度低于绳槽转动的线速度，使钢丝绳与曳引轮绳槽产生滑动摩擦，此时的摩擦力明显小于静摩擦状态下的曳引力。如图 1－32 和图 1－33 所示。

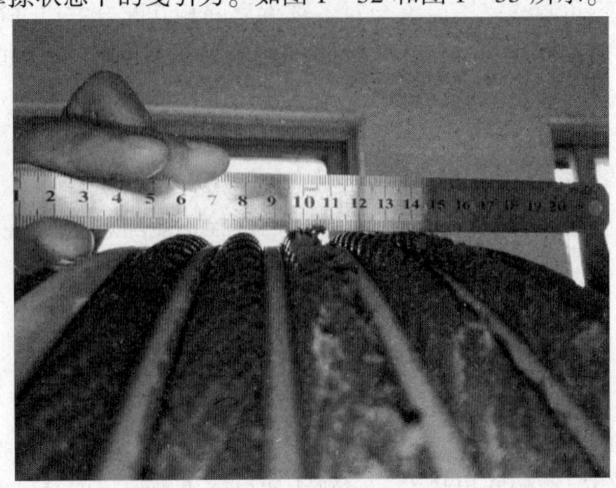

图 1－32　曳引轮绳槽局部磨损

图 1-33　磨损后的绳槽

3. 曳引轮绳槽油污堆积过于油腻，引起曳引能力下降

电梯在长期使用过程中，由于曳引钢丝绳长期处于受力拉升状态，其内部麻芯内的润滑脂会不断渗出钢丝绳表面，对钢丝绳内部各丝之间进行润滑。但是如果钢丝绳表面积累的润滑脂过多，这些润滑脂还会不断地堆积在绳槽上，导致绳槽与钢丝绳表面过度润滑，引起曳引能力下降。如图 1-34 所示。因此，在检查维护中应当及时对曳引钢丝绳和绳槽进行清洁，保持绳槽表面摩擦系数处于正常状态。

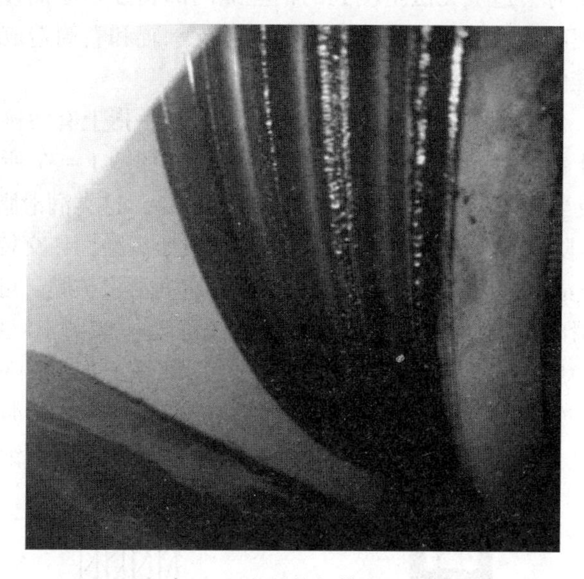

图 1-34　曳引轮绳槽油污堆积

## 五、曳引钢丝绳故障

曳引钢丝绳与限速器钢丝绳在工作状态下，其钢丝绳表面均需要与绳槽相互作用产生摩擦力，因此在保养过程中应当注意对这两类钢丝绳的表面状态进行检查、清洁和润滑。补偿绳由于不需要与绳槽产生摩擦力，因此其表面状态不作为保养时的重点进行要求。

1. 曳引钢丝绳表面过于干燥，局部出现锈蚀

一般来说，当曳引轮直径较大，并且使用场所比较干燥时，曳引钢丝绳使用 3～5 年自身仍有足够的润滑油，不必添加新油。但不管使用时间多长，只要在曳引钢丝绳上发现生锈或干燥迹象时，必须对曳引钢丝绳进行润滑，如图 1－35 和图 1－36 所示。钢丝绳的润滑可以有效地减少摩擦，从而延长钢丝绳的使用年限。

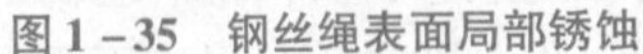

图 1－35　钢丝绳表面局部锈蚀

图 1－36　钢丝绳表面过于干燥

维护保养中，应当对钢丝绳表面的润滑状态进行检查，《钢丝绳 安全 使用和维护》（GB/T 29086—2012）中 5.2.5.2 提出："如果使用期间钢丝绳不涂维护油脂，则可能导致钢丝绳性能降低，严重时会造成无法检测到的钢丝绳内部腐蚀。涂油过多或油脂类型错误可能导致钢丝绳表面聚集碎屑，进而对钢丝绳、滑轮、支承辊和卷筒造成磨损损坏，还会对钢丝绳是否达到报废标准的真实条件的评估带来困难。"

检查维护过程中，仔细用手指触摸钢丝绳表面：如果手指上有污迹并有轻微油感，则不需要润滑；如果手指干净或触感干燥，则必须进行润滑。如图 1－37 所示。

钢丝绳在润滑时应当选用指定的电梯钢丝绳专用润滑脂，这类润滑脂多为溶剂稀释型钢丝绳润滑脂，含有抗磨、防锈等多种添加剂，具有良好的极压抗磨性，交替安定性、防锈性和渗透性，能够渗透到钢丝绳的股内部，并在钢丝绳表面形成润滑保护膜，可以防止腐蚀和擦伤。

在进行钢丝绳润滑时，可使用漆扫（刷涂）或浸涤法，如图 1－38 所示，使用后溶剂挥发会留下一层润滑薄膜，而且长期保持柔软性。在钢丝绳上形成的润滑薄膜具有抗磨性，防止钢丝绳磨损，保护钢丝绳股丝磨断，延长钢丝绳的使用寿命。同时润滑薄膜具有良好的粘附性，不易甩掉，且具有防锈性，保护钢丝绳不再生锈和不再因锈蚀而断裂。

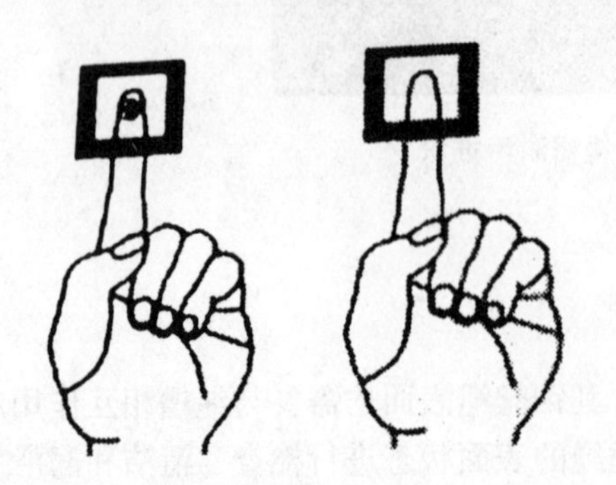

图 1－37　用手指触摸检查钢丝绳表面状态

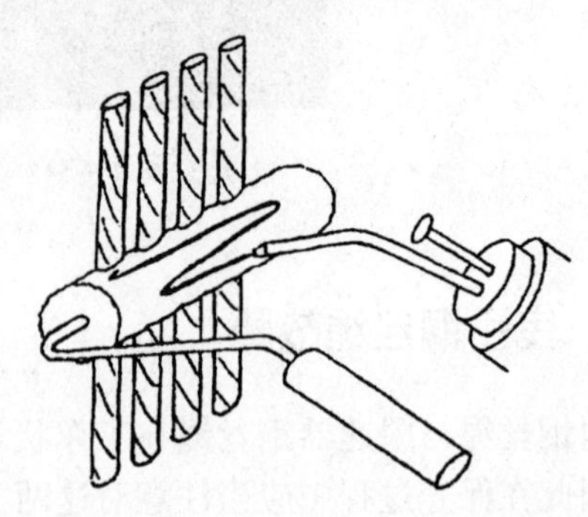

图 1－38　用漆扫刷涂钢丝绳专用润滑脂

需要注意的是，当发现限速器钢丝绳表面干燥时，应当用软刷在井道内对钢丝绳表面的铁锈进行清洁，但是严禁用各类油脂润滑限速器钢丝绳，以避免导致限速器动作时无法有效制动钢丝绳。当限速器钢丝绳锈蚀严重时，建议直接进行更换。如图1－39所示。

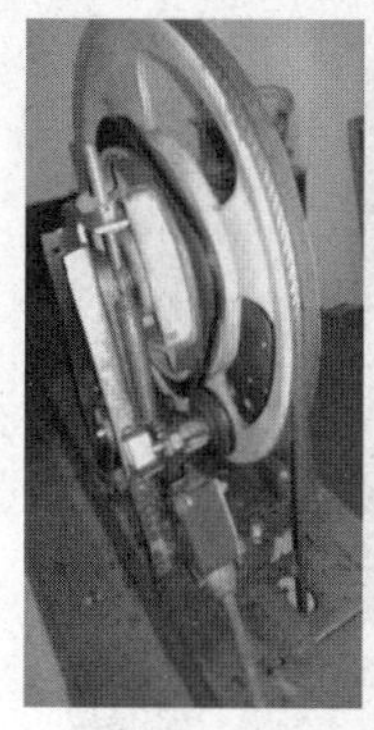
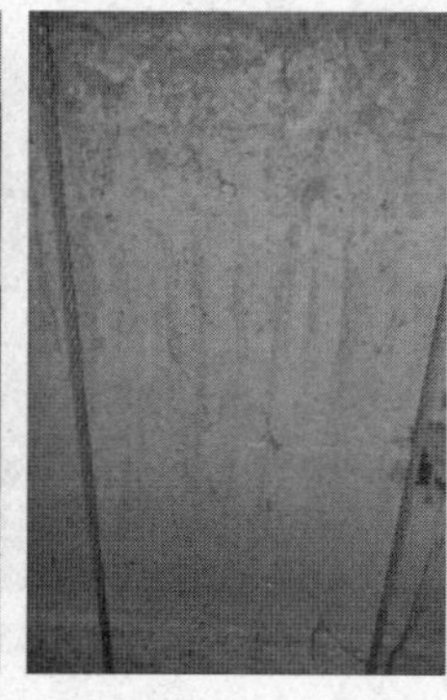
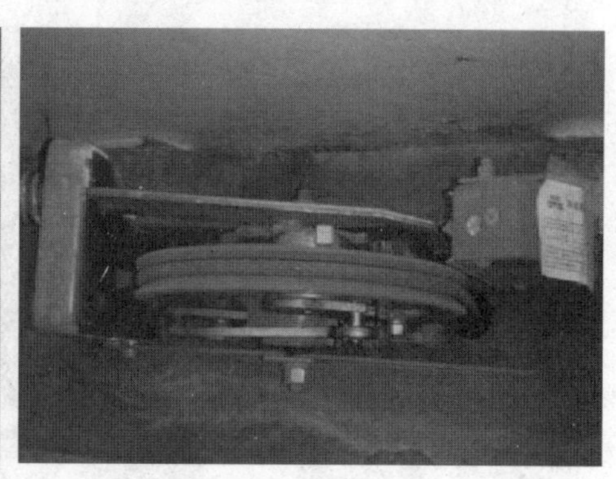

图1－39　限速器钢丝绳严重锈蚀

2. 钢丝绳严重锈蚀，出现铁锈填满绳股间隙、发黑、斑点、麻坑以及外层钢丝松动

电梯钢丝绳在使用过程中会发生锈蚀，机械性能降低，钢丝直径变细、股间松动，以致发生脆性断裂。这种断裂是“雪崩式”的断裂，它比一般的断丝或磨损更危险。维修中凡遇到钢丝绳锈蚀尤其要重视，应仔细观察，如发现锈蚀严重已形成麻坑或绳股外层钢丝有松动现象，不论断丝或绳径变细多少都应更换；如发现钢丝绳出现“红油”，说明绳芯无油，内部生锈，应引起注意，必要时可剁绳头检查钢丝绳的内部锈蚀情况。

有部分使用年限较长的电梯，由于钢丝绳内部的润滑脂（钢丝绳内的纤维绳芯的润滑脂）干涸失去润滑，钢丝绳内的钢丝去油脂保护后出现锈蚀，在曳引机运行过程中出现大量的铁锈，使得曳引轮、曳引绳甚至机房地面出现大量的红锈，钢丝绳严重锈蚀，铁锈填满绳股间隙，此时钢丝绳应当报废更换。如图1－40所示。

图1－40　钢丝绳严重锈蚀

3．钢丝绳表面油污堆积，或表面过于油腻

观察曳引轮与钢丝绳表面，当曳引轮或钢丝绳表面出现过量油污（在冬季可在曳引轮上结成油泥）时，会使曳引能力降低，需要对曳引轮和钢丝绳进行清洁。如图1－41所示。

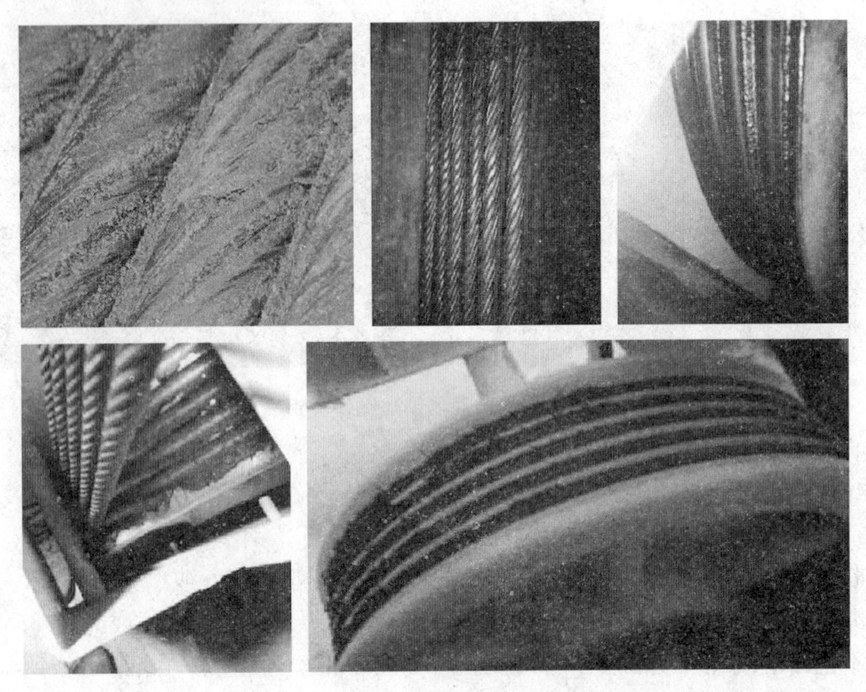

图1－41　钢丝绳与曳引轮油污堆积

清洁钢丝绳时可用软刷直接清扫钢丝绳表面，将多余油污清除，如图1－42所示。不可用柴油等有机溶剂直接对钢丝绳进行清洗，有机溶剂清洗会将钢丝绳内部的润滑脂清除，反而导致钢丝绳的钢丝表面缺乏润滑，引起钢丝绳锈蚀和磨损，如图1－43所示。

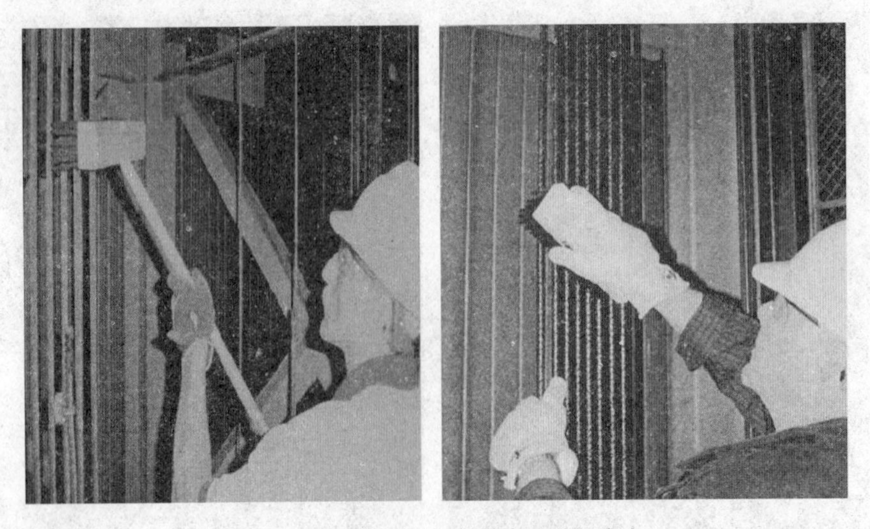

图1－42　用软刷对钢丝绳表面进行清洁

图 1－43　柴油清洗后钢丝绳润滑脂甩尽引起锈蚀

4. 发现内部的润滑油被挤出，产生流汗现象

检查维护过程中，如果发现钢丝绳内部润滑脂大量异常挤出，产生流汗、滴甩现象，应立即对钢丝绳的工作状态进行检查，如图 1－44 所示。有机溶剂清洗、钢丝绳载荷过大均有可能引起其内部润滑脂异常流出。钢丝绳内部润滑脂在大量挤出后，其使用寿命大大衰减，会在较短的时间内由于内部丝股之间的磨损过大导致报废，如图 1－45 所示。

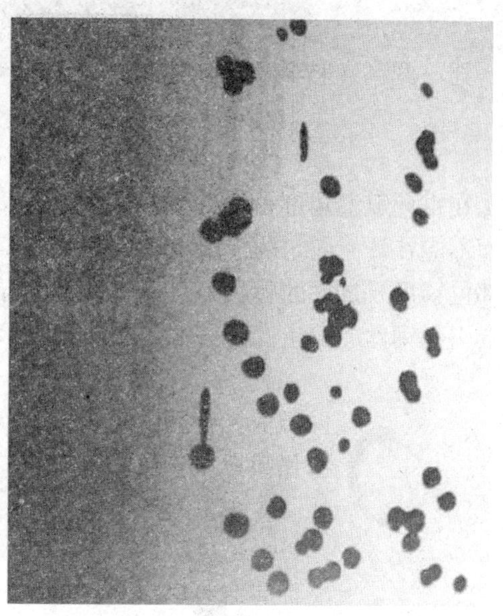

图 1－44　钢丝绳润滑脂大量挤出产生滴甩

图 1－45　钢丝绳绳丝在内部缺油状态造成磨损

5. 钢丝绳绳股变形，出现笼状畸变、绳芯挤出、扭结、部分压扁、弯折

钢丝绳在正常工作状态下，极少出现绳股变形的情况。钢丝绳绳股出现笼状畸变、绳芯挤出、扭结、部分压扁、弯折情况的，多是由于在运输、装卸、安装过程中采用了不正确的施工方法引起。如图 1－46 所示。

图 1－46　钢丝绳在装卸运输中受到挤压引起部分压扁

①在钢丝绳安装过程中，应当采用钢丝绳释放装置，转动钢丝绳卷筒将钢丝绳逐渐释放，而不应在转筒固定的情况下，手动从转筒上卷绕钢丝绳将其释放，以避免钢丝绳打卷，在局部位置形成过大的内应力。如图 1－47 所示。钢丝绳在内部应力过大的情况强行受力绷直，会引起钢丝绳发生变形，如图 1－48 所示。

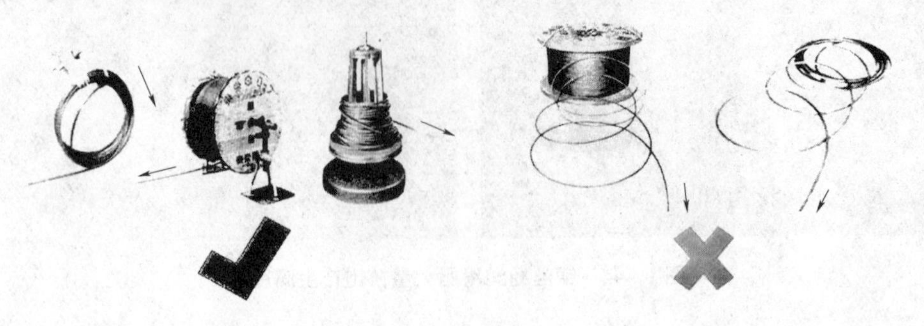

图 1－47　钢丝绳释放方式

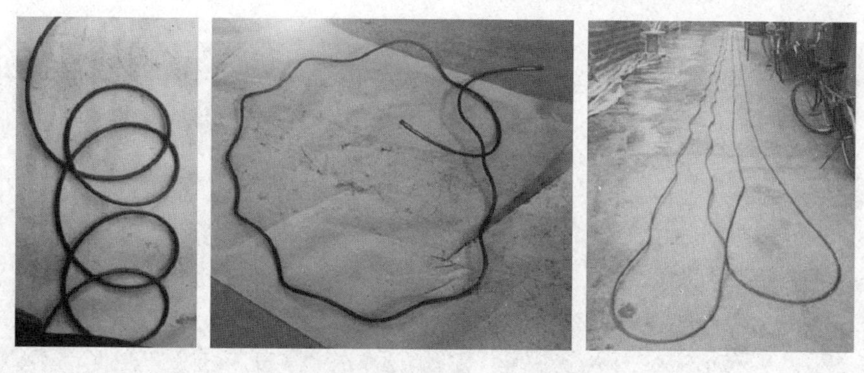

图1-48　钢丝绳卷绕安装导致变形

②钢丝绳在局部位置的内应力释放过度会导致大幅度的松捻，最终形成笼状畸变，如图1-49所示。虽然钢丝绳在安装前应当适当地进行悬挂，以便钢丝绳内应力得到释放，但是在钢丝绳安装的整个过程中，都不应使钢丝绳过度自转导致其发生松捻。尤其在进行钢丝绳张力调整时，严禁采取转动钢丝绳绳头的方式对钢丝绳的张力进行调整。

松弛状态

张紧状态

图1-49　钢丝绳笼状畸变

在钢丝绳安装过程中，还应注意钢丝绳如果与其他电梯部件相互钩挂、缠绕会引起钢丝绳绳股挤压变形、折弯，甚至断丝、断股。如图1-50和图1-51所示。

图1-50　钢丝绳释放时与主机底座钩挂产生折弯

图 1－51　钢丝绳绳股局部挤压变形

③在电梯安装过程中，如不慎在电焊时触及钢丝绳，会导致钢丝绳表面形成电焊损伤，严重的直接造成钢丝绳断股，如图 1－52 所示。

图 1－52　钢丝绳绳股电焊损伤

6. 钢丝绳股未发生变形，但钢丝绳发生磨损，直径小于公称直径的 90%

在电梯使用过程中，由于钢丝绳长期与绳槽之间产生摩擦，会逐渐导致钢丝绳出现磨损，钢丝绳各绳丝表面具有金属光泽处，也即钢丝绳与绳槽相互摩擦而发生磨损处。如图 1－53 所示。

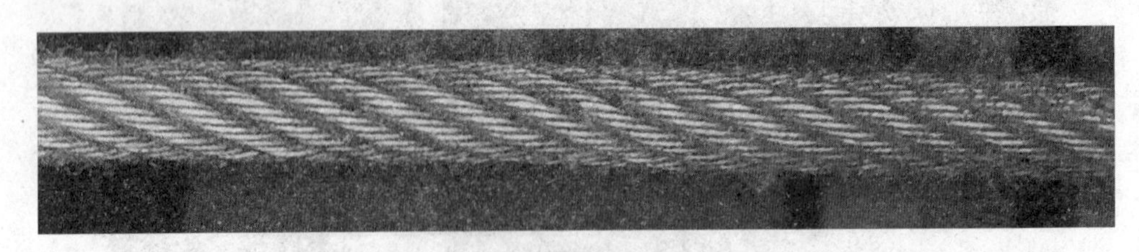

图 1－53　绳丝磨损（绳丝表面金属光泽处）

另外，如果钢丝绳防护装置等机械机构调整不当，与钢丝绳发生长时间摩擦，也会导致钢丝绳异常磨损，甚至导致断丝断股，如图 1－54 所示。

图 1－54　钢丝绳异常磨损

7. 钢丝绳张力不均

电梯在正常运行时，钢丝绳的两端通过端接装置（绳头）固定在机房或井道内，当钢丝绳各端接装置上的张力调节装置（常见如绳头压缩弹簧）不一致时，张力较大的曳引钢丝绳与其绳槽之间的正压力会大于其他张力较小的钢丝绳，在电梯运行时该钢丝绳及其绳槽所产生的静摩擦力会更大。如果钢丝绳长期工作在张力偏大、摩擦力偏大的状态下，钢丝绳及其对应绳槽的磨损速度就会明显快于其他张力较小的钢丝绳，造成钢丝绳提前报废，同时曳引轮也会因为部分绳槽提前磨损落槽而无法继续使用。如图 1－55 所示。

图 1－55　钢丝绳张力不一致

8. 钢丝绳头组合锁紧螺母松动（如图1－56所示）

图1－56　绳头锁紧螺母松动

9. 钢丝绳头组合各开口销状态不佳

如图1－57和图1－58所示，绳头开口销缺失和开口销制作工艺错误。

图1－57　绳头开口销缺失

图1－58　绳头开口销制作工艺错误

10. 钢丝绳头无防止钢丝绳侧捻保护，长时间运行钢丝绳在自身松捻力驱动下发生自转，使钢丝绳松捻损坏

钢丝绳在使用过程中，应当注意防止钢丝绳自转松捻引起钢丝绳损坏。如图1－59和图1－60所示。

图1－59　绳头无防止钢丝绳侧捻保护

图1－60　使用中的钢线绳发生松捻

11．钢丝绳浇注不牢固，造成钢丝绳松捻或松脱

金属（或树脂）填充式绳头在制作过程中，如果钢丝绳端部“花篮”编织不牢，或者浇注过程中存在空泡，都有可能导致绳头在使用过程中受力损坏。如图1－61和图1－62所示。

图 1－61　填充式绳头浇筑不牢固引起松捻

图 1－62　填充式绳头浇筑不牢固引起脱落

## 六、制动器故障

1. 销轴旋转运动阻力过大，导致制动器无法打开或关闭

制动器各销轴发生磨损、锈蚀，是导致机械机构打开阻力过大的主要原因。制动器在长期使用过程中，销轴和轴套之间的异物（如油腻、金属屑、橡胶防护罩或减振垫老化碎片化等）容易导致二者出现磨损和锈蚀，会破坏表面摩擦状态，引起旋转阻力过大。应当对制动器上各销轴进行拆解，取出销轴，确认销轴是否存在磨损或锈蚀的情况，确认制动臂能够灵活开闭。制动器各销轴上所发生的磨损或锈蚀程度是逐渐加重的，由于制动器对柱塞的电磁力明显大于制动器弹簧的关闭力，当销轴上的运行阻力略大于制动器弹簧的关闭力时，制动器能够在电磁力的作用下打开，但是在停止时由于销轴卡阻而无法关闭，导致轿厢的意外移动，造成事故。

2. 制动器弹簧调节不当导致其压缩行程不足，导致制动能力不足

制动器弹簧压缩行程直接决定制动器关闭力的大小，同时也决定了制动衬压紧制动鼓表面的正压力大小。如果在压缩弹簧装配和调整过程中，制动器弹簧压缩行程不足，会引起制动衬与制动鼓之间的最大静摩擦力降低，导致制动能力下降。

另外，由于长时间工作振动以及压缩弹簧弹力的反作用力下，制动器弹簧压缩机构和弹簧导向机构上的各类螺栓或螺母很容易会发生松动，使得弹簧的压紧装置失去固定，导致弹簧的压缩程度降低，直接引起弹簧的弹力降低。因此制动器弹簧压缩机构和弹簧导向机构上的各类螺纹连接必须采取锁紧措施，防止螺纹连接失效，引起制动能力降低。

3. 制动器弹簧存在表面缺陷，容易发生断裂，或发生塑性形变，引起摩擦面正压力下降，导致制动能力不足

在弹簧拆装和调整过程中，如果经常出现弹簧的压缩行程超过了弹簧的正常伸缩程度，导致电磁线圈通电后弹簧圈之间併死，则金属内部承受的应力过大致使弹簧产生塑性形变（永久性的形变），引起弹簧弹性形变的行程变短和弹性系数降低，导致同等压缩程度下弹簧的弹力降低，使制动衬压紧制动鼓表面的正压力降低，制动器的制动能力会发生明显下

降。如图 1－63 所示。另外，长时间工作在交变应力下，使弹簧表面缺陷（裂纹疲劳源，如折叠、刻痕、夹杂物）裂纹扩展，产生弹簧断裂；或者工作在腐蚀性介质或空气中的弹簧，易产生应力腐蚀断裂，会导致制动器直接失去制动能力。

图 1－63　多种型号的制动器弹簧压紧机构和导向机构

4．制动器开启故障

（1）制动器打开时，制动臂打开行程不足，制动衬与制动鼓仅部分分离，运行中与制动鼓摩擦，制动器未有效打开

采用同侧式制动臂的鼓式制动器，调节制动臂顶杆螺栓，使制动臂与柱塞顶杆距离缩小，则制动器关闭时的柱塞气隙将会缩小。当制动器打开时，柱塞的行程变小，制动臂打开角度将会变小，使制动器打开时制动衬与制动鼓的间隙变小，当间隙缩小到一定程度时，引起距制动臂销轴较近一端的制动衬最先与制动鼓发生摩擦，导致制动器未有效打开。如图 1－64 所示。

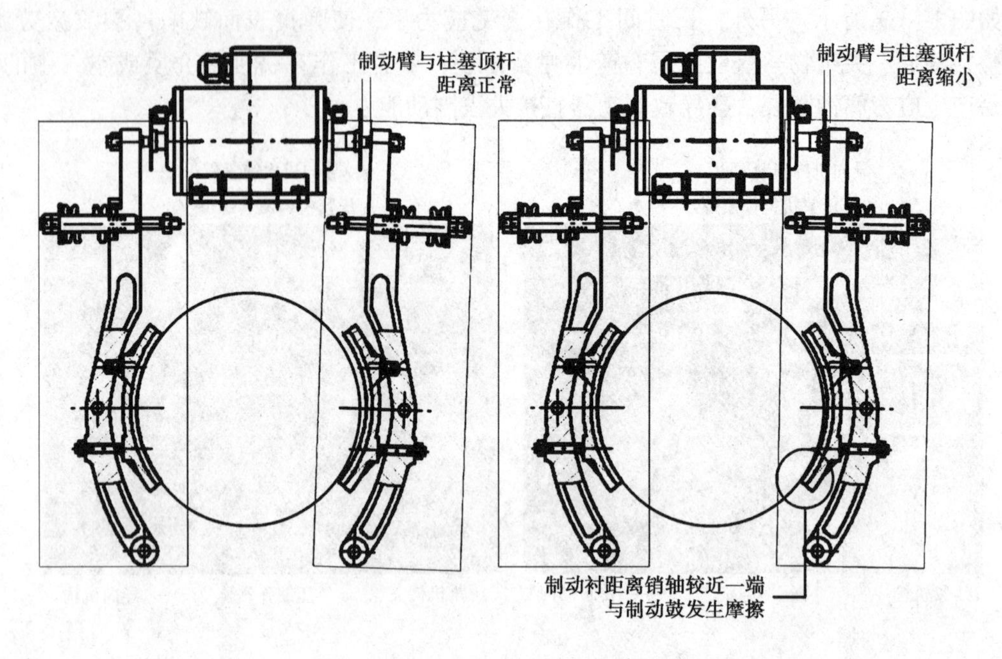


图 1-64　同侧式制动臂的鼓式制动器制动衬与制动鼓发生摩擦

异侧式制动臂的鼓式制动器，调节制动臂顶杆螺栓，当制动臂与柱塞（衔铁）顶杆的距离变大，同样会导致制动器关闭时的柱塞（衔铁）气隙缩小，引起制动臂打开角度变小，使制动器打开时制动衬与制动鼓的间隙变小，最终导致距制动臂销轴较近一端的制动衬与制动鼓发生摩擦。如图 1-65 所示。

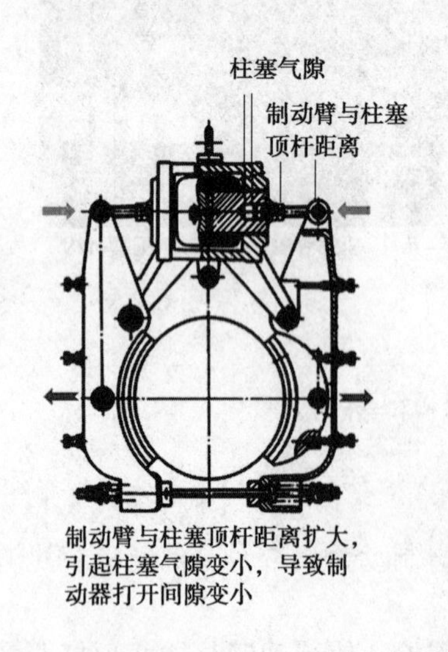

图 1-65　异侧式制动臂的鼓式制动器制动衬与制动鼓发生摩擦

对于制动瓦块角度可调的制动器，如果制动瓦块角度不良，当制动器打开时，制动衬两端均有可能与制动鼓产生摩擦，导致制动器未有效打开。

（2）制动器打开时，制动衬与制动鼓间隙过小，在反复运行后制动鼓的温升高，制动鼓直径增大，引起制动衬与制动鼓在运行中发生摩擦，导致制动器未有效打开

假如在调整制动器打开间隙时，未在制动器工作温度下进行，当电梯运行中出现反复紧急制动时，制动鼓表面摩擦升温，会使得制动鼓受热膨胀，导致制动衬与制动鼓之间的间隙缩小。如果原有制动器打开间隙调整得较小，此时制动衬就有可能在制动鼓受热膨胀后，与制动鼓发生摩擦。

（3）制动器间隙调整不当，或制动衬磨损引起打开时与制动鼓间隙过大，制动器关闭过程中制动衬动作行程过长，撞击制动鼓引起较大响声

由于长期使用磨损导致制动衬变薄，如不及时对制动器打开间隙进行调整，会导致制动器打开间隙逐渐变大。过大的制动器间隙会使制动器在关闭时，制动臂和制动衬在压缩弹簧作用下的运行距离加长，致使制动衬在接触制动鼓时获得更高的末端速度和动量，引起制动器关闭噪声变大。根据经验判断，当制动器间隙接近 0.6 mm 时，制动器关闭的噪声会明显增加。

（4）制动器关闭时，制动衬磨损过大，制动臂关闭行程不足，制动衬与制动鼓未完全接触，制动器未有效关闭

如果柱塞设计中具备了行程限位功能，在以下三种情况下，均有可能引起制动臂关闭行程不足：①制动器关闭行程调节过小；②制动臂顶杆螺栓调节不良，包括异侧式制动臂与柱塞顶杆距离过大，或同侧式制动臂与柱塞顶杆距离过小；③制动衬磨损量较大。即制动器关闭时，制动衬尚未完全压紧制动鼓，柱塞已在制动臂顶杆的作用下到达行程限位，制动臂无法继续关闭，此时压缩弹簧产生的制动器关闭力由制动衬和柱塞限位装置两个部件支承，而非正常情况下的完全由制动瓦块支承，导致制动衬与制动鼓之间的正压力不足，无法产生足够的摩擦力，制动器未有效关闭。如图 1－66 所示。

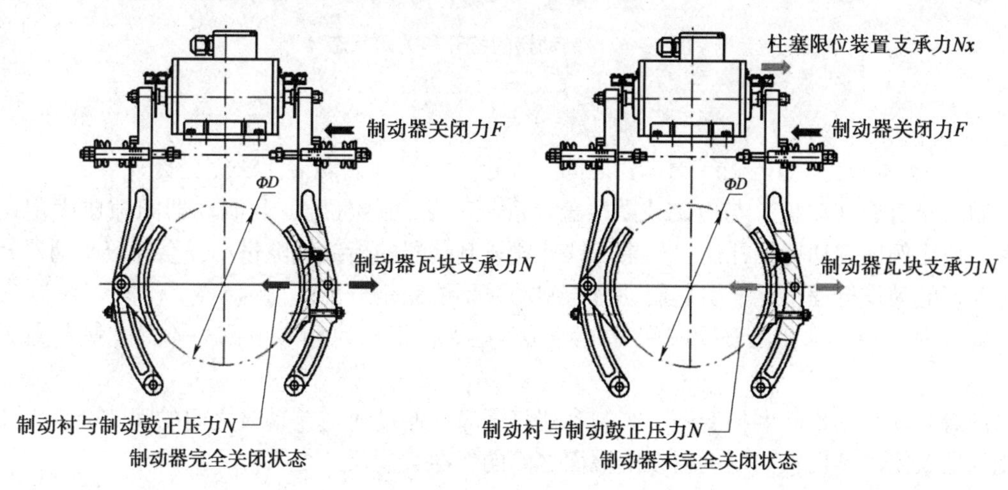


图 1－66　制动器的关闭状态

（5）制动器衔铁与电磁线圈端盖之间气隙过大，衔铁启动时电磁力不足，制动器无法打开

从制动器的机械结构特性来看，制动器使用过程中制动衬不断磨损变薄，会使得制动器

打开时，制动衬与制动鼓之间的间隙变大；而当制动器关闭时，衔铁（柱塞）与制动器线圈端盖之间的气隙也会同比例变大。

对于衔铁（柱塞）没有行程限位功能（或制动关闭行程限位调节过大）的电磁铁，制动臂顶杆螺栓调节不良或制动衬过度磨损，使得制动器关闭时衔铁（柱塞）气隙过大，容易引起衔铁（柱塞）启动时的电磁力不足，导致制动器无法打开。需要注意的是，如果柱塞设计中具备了行程限位功能，且制动器关闭行程限位调节正确的制动器，即使制动臂顶杆螺栓调节不良或制动衬过度磨损，也不会因为柱塞气隙过大引起制动器无法打开，但是此时有可能发生制动器无法有效关闭的危险。如图 1－67 所示。

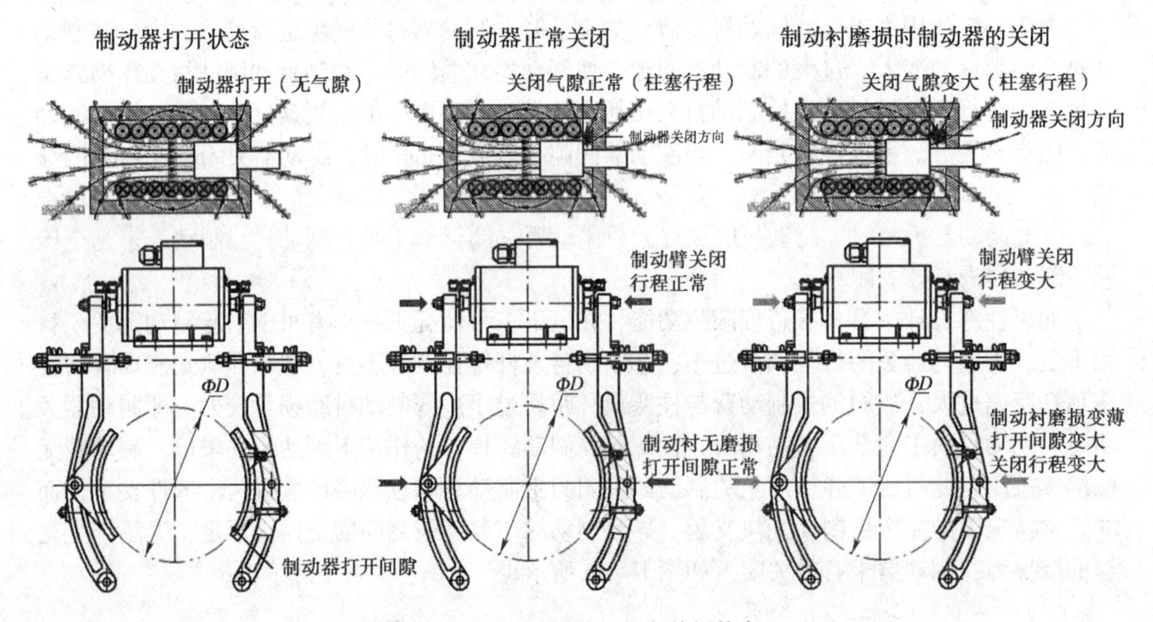


图 1－67　制动器的打开和关闭状态

5. 衔铁外置制动臂鼓式制动器间隙的失效

(1) 制动器衔铁与电磁线圈端盖之间气隙过小，导致制动器无法完全打开

制动器衔铁（动板）与电磁线圈端盖（静板）之间的气隙，与制动器间隙成固定比例关系，该比例即制动臂杠杆比。如果衔铁外置式制动器的衔铁气隙过小，会导致制动器开启时制动臂的动作行程不足，引起制动衬与制动鼓不能完全分离。

(2) 制动器衔铁与电磁线圈端盖之间气隙过大，衔铁启动时电磁力不足，制动器无法打开

随着制动衬的不断磨损变薄，当制动器打开时，制动衬与制动鼓之间的间隙会变大；而当制动器关闭时，衔铁与制动器线圈端面之间的气隙会同尺寸变大。

从电磁直推鼓式制动器的机械结构特性来看，由于制动衬与衔铁同步运动，正常状态下的衔铁气隙与制动器打开间隙相同，均处于 0.1～0.6 mm，因此电磁力的作用行程普遍较短。一旦制动衬的磨损量达到同等数量级，在制动器关闭后，就可能使衔铁气隙过大，超出电磁力的作用范围，导致制动器无法打开。

对于电磁直推鼓式制动器，应定期测量其制动器气隙，监测其制动衬的磨损量，及时针对

制动衬的磨损情况同步调整制动器气隙，确保制动器工作正常。若制动衬局部磨损，则有可能引起制动器气隙局部偏大的情况，此时应至少确保气隙所有位置的间隙均在要求范围内。

（3）制动器气隙过小（或局部过小），导致制动衬无法打开（或仅局部打开）

电磁直推鼓式制动器由于制动衬与衔铁同步运动，正常状态下的衔铁气隙与制动器打开间隙相同，如果气隙过小（或局部过小），就会引起制动衬无法打开（或仅局部打开）。

另外，当电梯运行中出现反复紧急制动的时，制动鼓表面摩擦升温，会使得制动鼓受热膨胀，导致制动衬与制动鼓之间的间隙缩小。如调整制动器打开间隙时，未在制动器工作温度下进行，而且制动器气隙调整偏小，此时制动衬就有可能在制动鼓受热膨胀后，与制动鼓发生摩擦，造成制动衬无法有效打开。

综上原因，制动器打开间隙（也即制动器气隙），应当以不小于 0.1 mm 为宜（约为常规 A4 纸的厚度）。

（4）制动衬与制动鼓表面附着油污或出现龟裂、脱层，引起摩擦系数急剧下降，导致制动能力不足

绝大多数的制动面油污是在维修保养过程中，由制动器不当润滑造成的。例如对销轴润滑过度时，会有多余油脂堆积在销轴端部，或出现机械油滴落，应严格防止制动器销轴润滑后的多余油脂或机械油滴落至制动鼓上，使制动鼓与制动衬失去摩擦力。

此外有齿轮曳引机减速箱密封损坏、更换齿轮油时操作不当、对悬挂钢丝绳进行再润滑时操作不当等情况，也有可能造成制动鼓和制动衬污染。

（5）制动衬表面不平整，与制动鼓摩擦接触面过小，引起仅制动衬局部受力摩擦，使制动衬表面出现烧结状态，表面摩擦系数下降，导致制动能力不足

制动衬表面不平整，或制动衬与制动鼓贴合角度不佳，使得制动衬与制动鼓摩擦接触面较小，会引起摩擦产生的热量长时间集中在较小的面积上，随着制动面工作温度升高，摩擦系数进一步增加，直至导致制动衬表面局部过热。

当局部摩擦的温升达到一定程度，制动衬表面的粉末颗粒在加热后获得足够的能量进行迁移，使粉末体产生颗粒黏结，产生强度并导致致密化和再结晶，出现表面烧结，破坏制动衬表面材质特性，使得表面摩擦系数大幅度下降，导致制动能力丧失。

（6）制动瓦块角度不良，仅制动衬端部与制动鼓摩擦，摩擦力中心发生偏移，力臂长度变化后引起正压力变化，引起摩擦力变化，导致制动力不稳定

如果制动衬与制动鼓贴合角度不佳，使得制动衬摩擦面较小且集中在制动衬的某一端，不但会引起制动衬表面烧结，还有可能引起制动摩擦力中心向制动衬磨损一侧发生漂移。如果制动力中心向制动臂远端漂移，引起制动衬正压力力臂边长，会导致正压力降低，使得制动衬能够产生的最大静摩擦力下降，导致制动能力下降。

# 第二章 电梯门系统结构及典型故障排查

## 第一节 电梯门系统结构

### 一、电梯门系统的作用

电梯门系统主要包括轿门（轿厢门）、层门（厅门）与开关门机构及其附属的部件。电梯门系统的作用是防止乘客和物品坠入井道或与井道相撞，避免乘客或货物未能完全进入轿厢而被运动的轿厢剪切等危险的发生，是电梯最重要的安全保护设施之一。

1. 层门的作用

层门又称为厅门，安装在候梯大厅电梯入口处。电梯层门是乘客在进入电梯前首先看到或接触到的部分，电梯有多少个层站就会有多少个层门；当轿厢离开层站时，层门必须保证可靠锁闭，防止人员或其他物品坠入井道。层门是电梯很重要的一个安全设施，根据不完全统计，电梯发生的人身伤亡事故约有 80% 是由于层门的故障或使用不当等引起的。因此层门的开启与有效锁闭是保障电梯使用者安全的首要条件。

2. 轿门的作用

轿门设置安装在轿厢入口处，由轿厢顶部的开关门机构驱动而开闭，同时带动层门开闭。轿门是随同轿厢一起运行的门，乘客在轿厢内部只能见到轿门，供乘客和货物的进出。简易电梯用手工操作开闭的称为手动门，当前一般的电梯都装有自动开门、关门机构，称为自动门。

3. 层门和轿门的相互关系

层门是设置在层站入口的封闭门，当轿厢不在该层门开锁区域时，层门保持锁闭；此时如果强行开启层门，层门上装设的机械——电气联锁门锁会切断电梯控制电路，使轿厢停驶。层门的开启，必须是当轿厢进入该层站开锁区域，轿门与层门相重叠时，随轿门驱动而开启和关闭。所以轿门为主动门，层门为被动门，只有轿门、层门完全关闭后，电梯才能运行。

为了将轿门的运动传递给层门，轿门上一般设有开门联动装置，通过该装置与层门门锁配合，使轿门带动层门运动。

为了防止电梯在关门时将人夹住，在轿门上常设有关门安全装置（近门保护装置），当轿门关闭过程中遇到阻碍时，会立即反向运动，将门打开，直至阻碍消除后再完成关闭。

## 二、电梯门系统分类

### 1. 电梯门的形式

电梯门系统有层门和轿厢门。层门设在层站入口处，根据需要，井道在每层楼设 1 个或 2 个出入口。层门数与层站出入口相对应。轿厢门与轿厢随动，是主动门，层门是被动门。轿门（开门机）安装在轿厢上，主要有电机、控制器及门刀等组成。层门（厅门）安装在每层电梯出口处。每个厅门设有机械和电气联锁装置，保证厅门打开时电梯不能运行。

### 2. 门的类型

电梯门主要有两类，即滑动门和旋转门，目前行业普遍采用的是滑动门。滑动门按其开门方向又可分为中分式、旁开式和直分式三种。层门必须和轿门是同一类型的。

#### （1）中分式门

中分式门由中间分开。开门时，左右门扇以相同的速度向两侧滑动；关门时，则以相同的速度向中间合拢。如图 2－1 和图 2－2 所示。

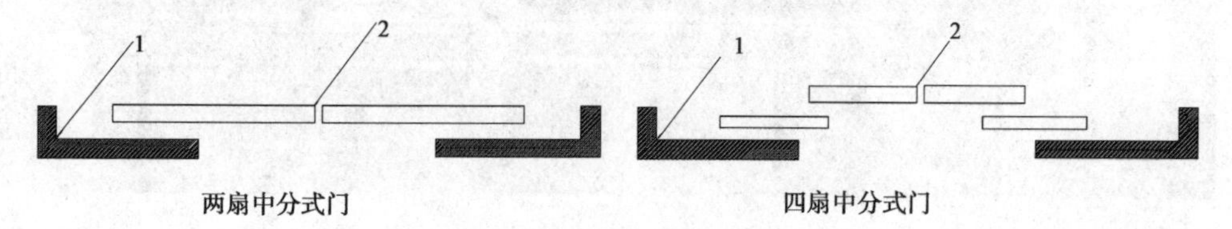


图 2－1　中分式门示意图

1—井道壁；2—门扇

图 2－2　中分式门实物图

（2）旁开式门

旁开式门按开门方向，又可分为左开式门和右开式门。区分的方法是：人站在厅门侧，向轿厢内看，门向右开的称右开式门；反之，为左开式门。如图 2－3 和图 2－4 所示。

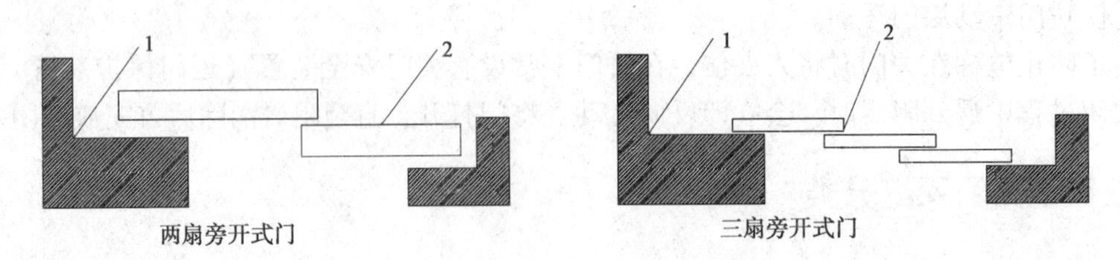


**图 2－3　旁开式门示意图**

1—井道壁；2—门扇

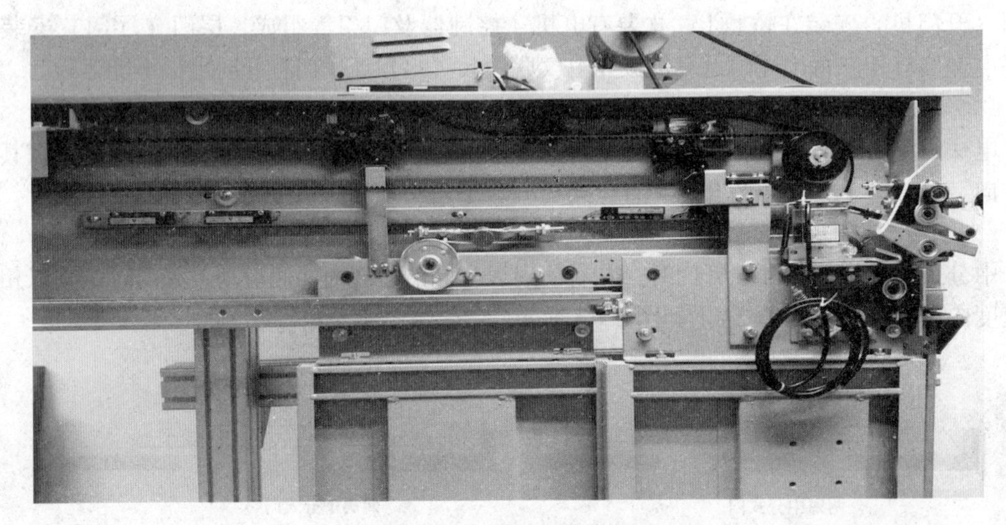

**图 2－4　旁开式门实物图**

（3）直分式门

门由下向上推开，称直分式门，又称闸门式门。按门扇的数量，可分为单扇、双扇等。与旁开式门同理，双扇门称双速门。如图 2－5 所示。

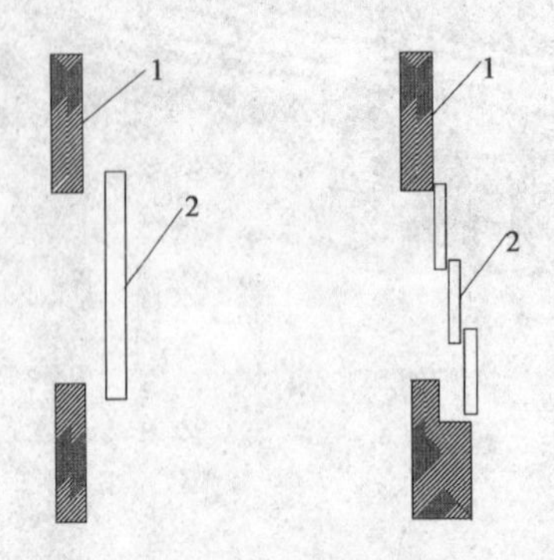


**图 2－5　直分式门示意图**

1—井道壁；2—门扇

## 三、电梯门系统结构

电梯门由门的吸合装置、门扇、门滑轮、门靴、门地坎、门导轨等组成，如图 2－6 所示。

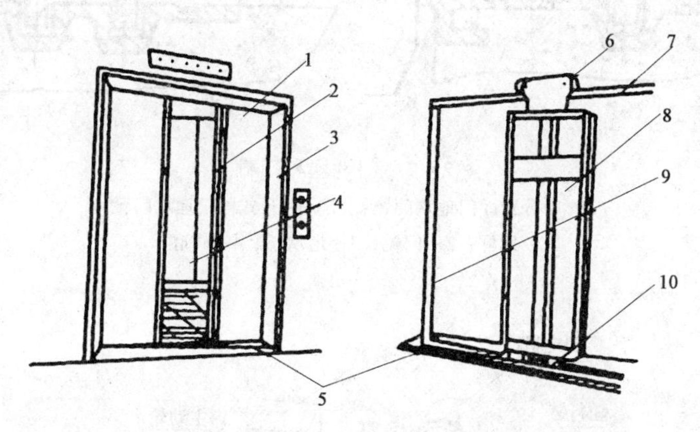


图 2－6　电梯门结构

1—层门；2—轿厢门；3—门套；4—轿厢；5—门地坎；6—门滑轮；
7—层门导轨架；8—门扇；9—层门立柱；10—门滑块

1. 门扇

①封闭式门扇：一般用 1～1.5 mm 厚的钢板制成，中间辅以加强筋，使其具有足够的机械强度。客梯和医用电梯的门都采用封闭式门扇。

②空格式门扇：指交栅式门，具有通气透气的特点，我国规定栅间距离不得大于 10 mm，保证安全。空格式门扇只能用于货梯轿门。

③非全高式门扇：高度低于门口高，常用于汽车梯和货物梯。汽车梯，高度一般不应低于 1.4 m；货梯中，高度一般不应低于 1.8 m。

2. 门导轨与门滑轮

①门导轨：用扁钢制成，对门扇起导向作用。轿门导轨安装在轿厢顶部前沿，层门导轨安装在层门框架上部。

②门滑轮：由耐磨性能好、噪声小的尼龙注塑成型。安装在门扇上部的门滑轮，把门扇吊在门导轨上。全封闭式门扇，每个门扇装有两只门滑轮，称一组。

3. 门地坎和门靴（滑块）

门地坎和门靴是门辅助导向组件，与门导轨和门滑轮相配合，使门的上、下两端均受导向和限位。门靴插入地坎槽内，开关门过程中，门靴只能沿着地坎槽滑动，使门扇在正常外力作用下，不会倒向井道。如图 2－7 所示。

4. 门的吸合装置

门的吸合装置主要包括门电机、同步带、门刀、门锁、门悬挂导向等装饰及部件。门电机带动主动轮，同步带通过主动轮和从动轮做水平方向的移动，同步带带动门挂板，使门挂板沿导轨运动，左右门挂板通过钢丝绳同步运动。如图 2－8 所示。

（1）门电机

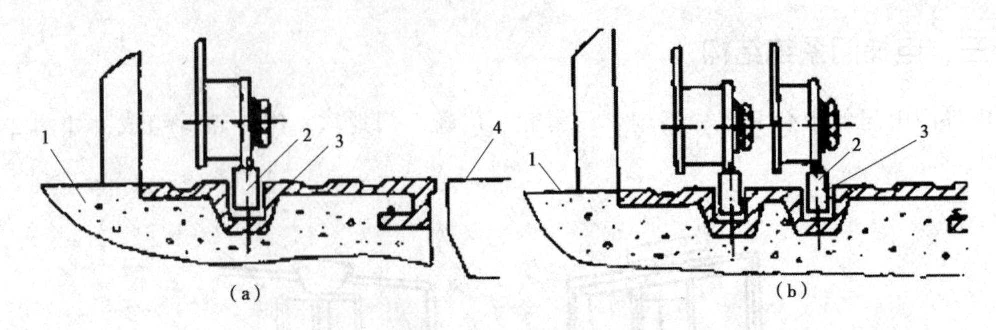


图 2-7 门地坎和门靴

(a) 中分式厅门地坎门靴；(b) 旁开式厅门地坎门靴

1—地坪；2—门靴；3—地坎槽；4—轿底

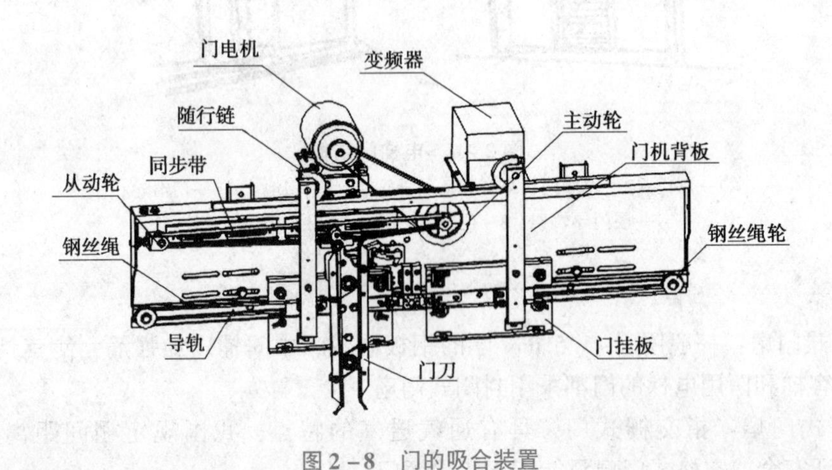


图 2-8 门的吸合装置

轿门的关闭、开启动力源是门电机，门电机通过传动机构驱动轿门运动，再由轿门带动层门联动。门电机可以是直流的也可以是交流的。传动机构主要有一级与两级皮带传动。

①直流电机：

优点：可以实现平滑而经济的调速；不需要其他设备的配合，只要改变输入或励磁电压电流就能实现调速。

缺点：制造成本高，后期维护和维修成本均高。

②交流电机：

优点：结构简单，制造成本和后期维护费用低。

缺点：需要依靠门机变频器调速，自身无调速功能。

(2) 同步带

同步带的传动效率为93%～98%，工作面为弧齿（如图 2-9 所示），承载层为玻璃纤维、合成纤维绳芯，基体为氯丁橡胶。同步带靠齿合传动，传动比准确，轴压力小，结构紧凑，耐油、耐磨性较好，但安装要求高。

(3) 门刀

门刀是层门系统的动力来源。安装同步门刀时，开门过程中，在门刀带动层门板运行之

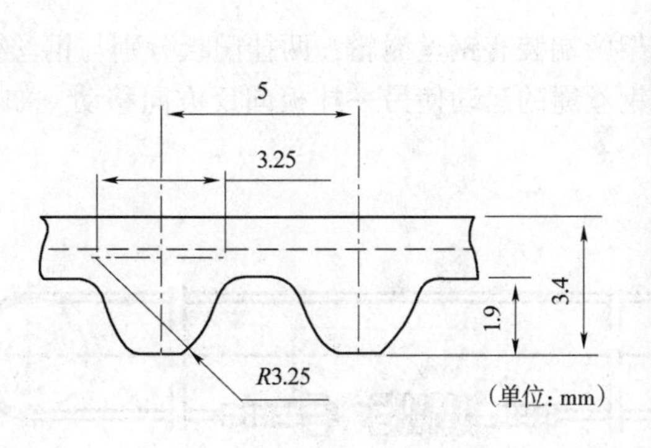

图 2－9　同步带

前，门刀首先完全张开，同时释放层门锁，然后才由同步带拖动，轿门和层门同时运行。开门时，轿门比厅门提前进行开动作，然后拖动厅门一起运行，所以外观轿门门板与厅门门板错开一段距离。如图 2－10 所示（单位：mm）。

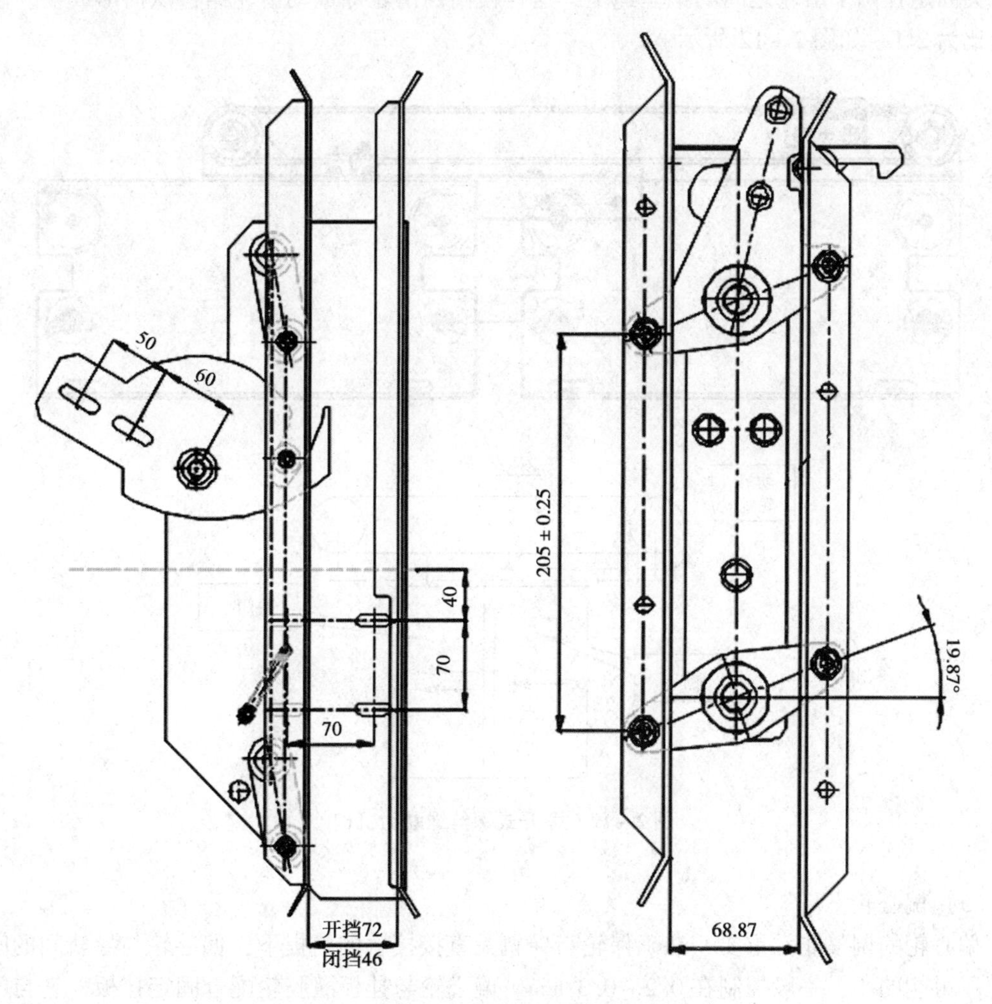


图 2－10　门刀示意图

(4) 传动钢丝绳

①中分式钢丝绳联动机构：门导轨架两端装有钢丝绳轮，两挂门板分别与钢丝绳的上边与下边固结，当门刀带动一挂板移动，钢丝绳的运动使另一挂板向反方向移动。如图 2－11 所示。

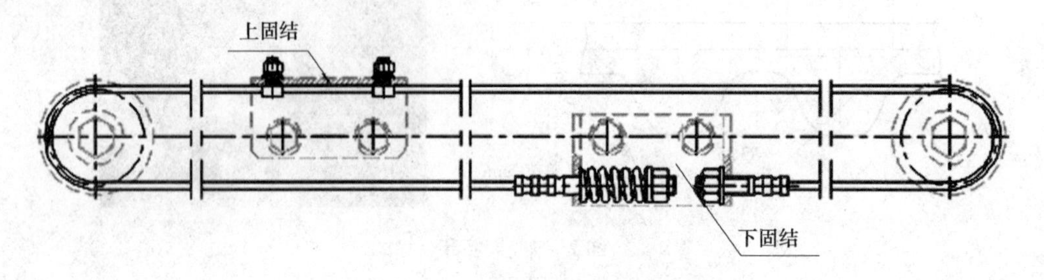


图 2－11　中分式钢丝绳联动机构

②旁开式钢丝绳联动机构：钢丝绳绕过慢门上的两个滑轮，一端固定在门头板上，快门用绳夹固定在两个滑轮之间的钢丝绳上，这样慢门两滑轮即成动滑轮组，从而形成快、慢门的速比为 2∶1。如图 2－12 所示。

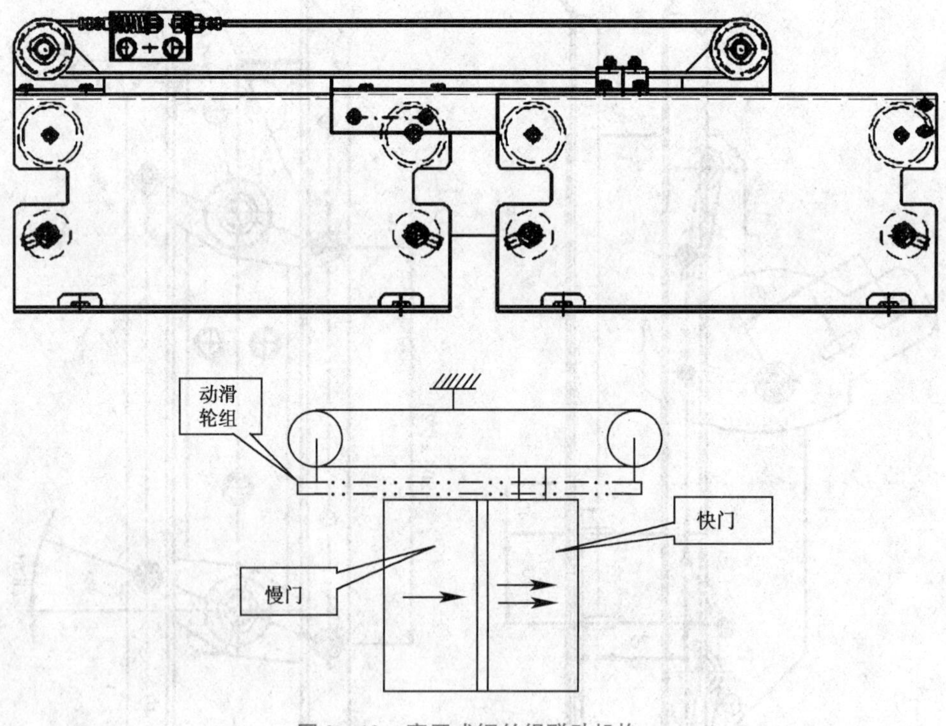


图 2－12　旁开式钢丝绳联动机构

(5) 偏心轮

偏心轮的调整非常重要，在确保轮与导轨无直接接触的前提下，偏心轮与导轨间的间隙调至尽可能的小，一般控制在 0.2～0.3 mm。偏心轮与挂板灌胶轮配合固定挂板，它与门板缝隙调节也有关。如图 2－13 所示。

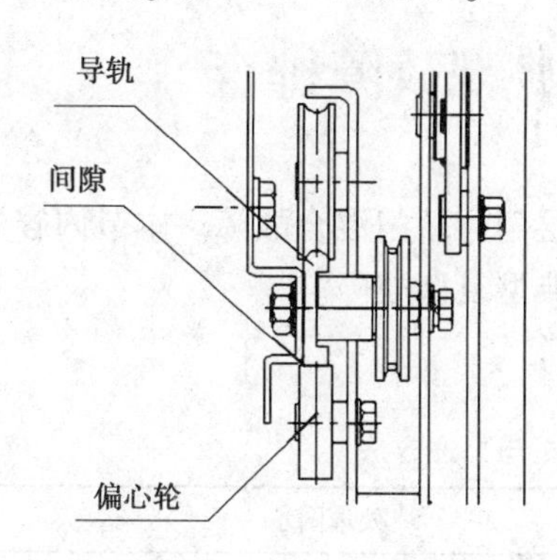

图 2－13　偏心轮

（6）层门装置

电梯层门装置的结构如图 2－14 所示，一般由厅门联动机构、门锁、应急开锁装置、强迫关门装置、门挂板、导轨架、滑轮等部件组成。

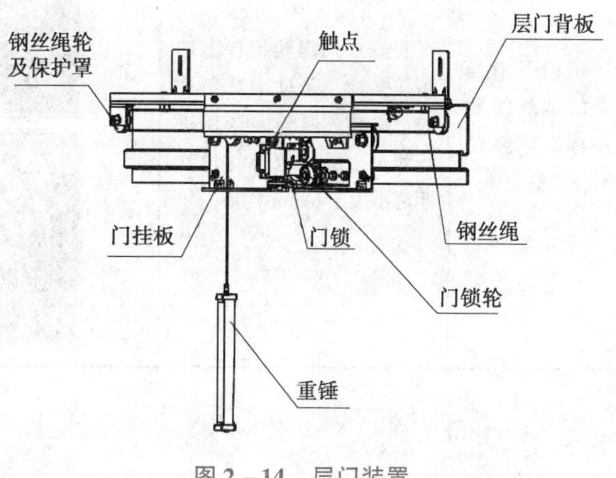


图 2－14　层门装置

（7）门锁装置

自动门锁装置一般位于厅门内侧，是确保厅门不被随便打开的重要安全保护措施。厅门关闭后，将厅门锁紧，同时接通门联锁电路，此时电梯方能启动运行。当电梯运行过程中所有厅门都将被门锁锁住，一般人员无法将厅门撬开。只有电梯进入开锁区，并停站时厅门才能被安装在轿门上的刀片带动而启动。在紧急情况下或需进入井道检修时，只有经过专门训练的专业人员方能用特制的钥匙从厅门外打开厅门。

常见的自动门锁的结构图如图 2－15 所示，由门锁轮、动钩、定钩、门电联锁触点等组成。

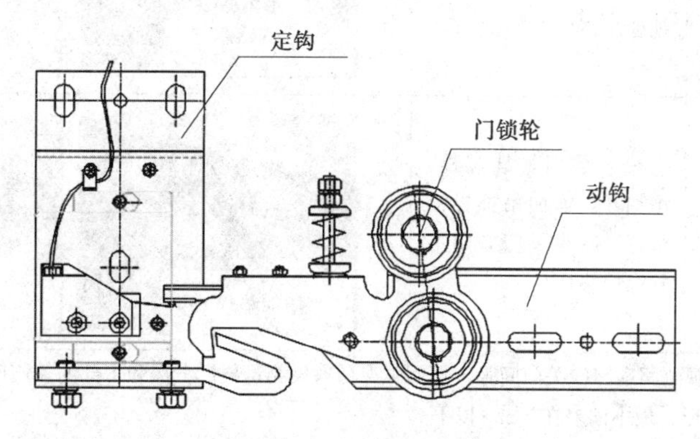


图 2－15　门锁装置

# 第二节　电梯门系统典型故障排查

电梯门系统故障有层门故障和轿门故障，也有层门、轿门混合故障。本节内容先分析层门、轿门的单一故障，然后分析层门、轿门存在的典型复杂故障。

1. 层门吊高超差（如表2-1所示）

表2-1　层门吊高故障分析与处理方法

| 故障现象 | 处理方法 | 处理图示 |
| --- | --- | --- |
| 层门下沿与层门地坎间距超标，导致门滑块脱落。 | 松开层门滑轮组件上的吊挂螺栓，通过增减垫片进行调整。调整完毕后进行测量，层门地脚与地坎距离不大于6 mm合格。 | 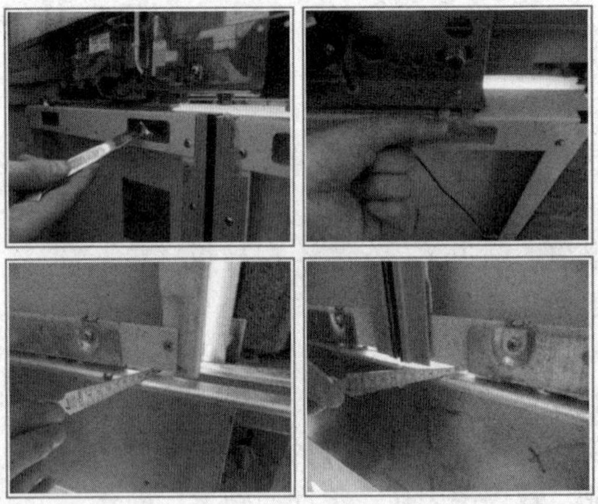 |

2. A形门或者V形门（如表2-2所示）

表2-2　A形门或者V形门的现象与处理方法

| 故障现象 | 处理方法 | 处理图示 |
| --- | --- | --- |
| 层门关闭后，垂直度超差，存在A形门现象。 | 松开层门吊挂螺栓，增加关门方向吊挂螺栓垫片，减少开门方向吊挂螺栓垫片。 | 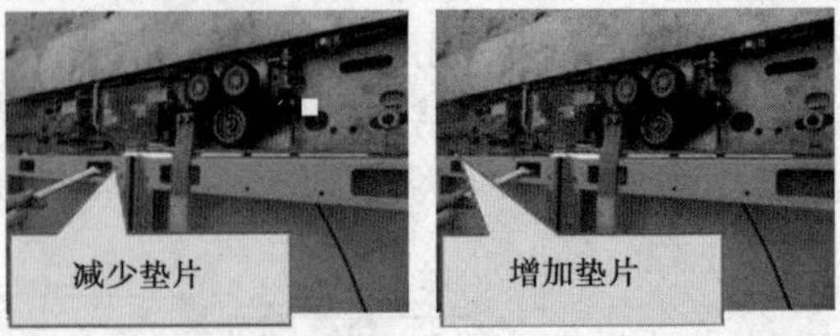 减少垫片　增加垫片 |
| 层门关闭后，垂直度超差，存在V形门现象。 | 松开层门吊挂螺栓，增加开门方向吊挂螺栓垫片，减少关门方向吊挂螺栓垫片。 | 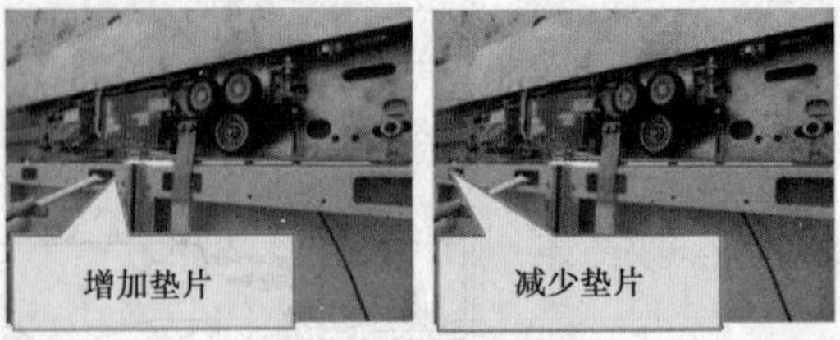 增加垫片　减少垫片 |
| 合格判定：a. 在厅外观测两扇门的关门间隙，用间隙专用塞尺测量层门上部和下部的关门间隙垂直度，不能存在A形或V形，最小偏差在2 mm以下。<br>b. 打开层门，在上部用直尺使层门门扇与门套平齐；检查层门是否凸出或凹进门套。 | | |

3. 层门限位轮间隙偏小（如表2－3所示）

表2－3　层门限位轮间隙的检测与处理方法

| 故障现象 | 处理方法 | 处理图示 |
| --- | --- | --- |
| 层门关闭困难，阻力较大。 | 用0.5 mm的塞尺对每一个限位轮进行测量和矫正，加注润滑油排除故障，如果故障仍然存在，松开限位轮螺栓，左方向移动限位轮排除故障。 | 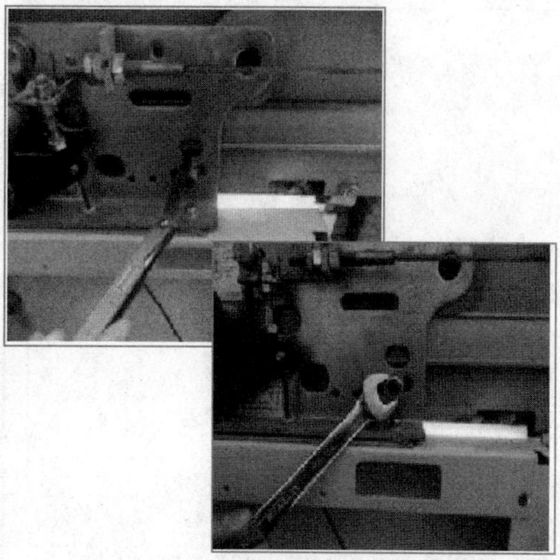 |
| 合格判定：关闭层门，先用0.3 mm的塞尺进行测量，再用0.7 mm的塞尺进行测量。层门限位轮与门导轨间隙在0.3～0.7 mm为宜 | | |

4. 层门中分问题（如表2－4所示）

表2－4　层门中分问题的检测与处理方法

| 故障现象 | 处理方法 | 处理图示 |
| --- | --- | --- |
| 层门打开到位后，一侧层门与门套平齐，另一侧与门套不平齐。 | 哪边层门凸出门套，哪边的钢丝绳调整螺栓要扭紧，另一侧螺栓要放松。放松和拧紧钢丝绳的幅度要一致。 | 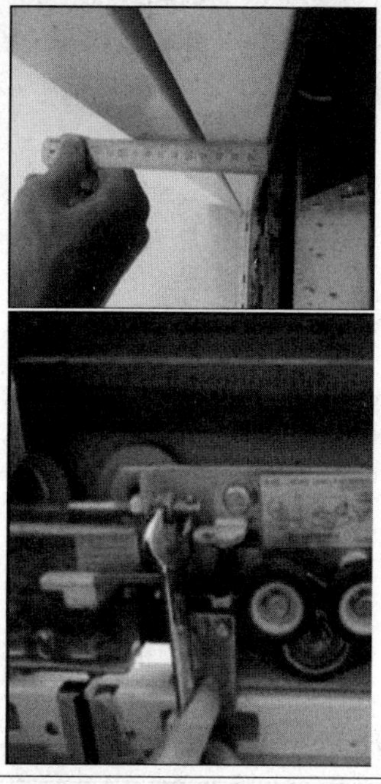 |
| | | |

5. 层门与门套的间隙超标（如表2－5所示）

表2－5　层门与门套间隙的检测与处理方法

| 故障现象 | 处理方法 | 处理图示 |
| --- | --- | --- |
| 层门上部与门套的间隙超标。 | 1. 若层门上部与门套的间隙偏大，松开对应那扇层门靠中间的吊挂螺栓，用铁锤敲打层门的上部转角位置。<br>2. 若层门上部与门套的间隙过小，会存在层门被刮花危险。松开对应那扇层门靠中间的吊挂螺栓，手拉层门，用铁锤敲打门滑轮组件，增大层门与门套的间隙。 |  松开吊挂螺栓<br>敲打层门上部活动位置 |
| 合格判定：打开层门，用间隙专用塞尺进行测量层门上部与门套的间隙为4～6 mm。 | | |

6. 层门主、副触点接触不良（如表2－6所示）

表2－6　层门主、副触点的检查与处理方法

| 故障现象 | 处理方法 | 处理图示 |
|---|---|---|
| 门关闭后不走梯，门锁继电器不吸合，松开门锁保护盒螺栓，取出保护盒，发现主、副门锁打板表面锈蚀、变形，有烧灼痕迹。 | 用尖嘴钳对变形打板进行校直。<br>用2000号砂纸进行打磨，打磨后用干净抹布擦拭，处理后电梯恢复正常。 | 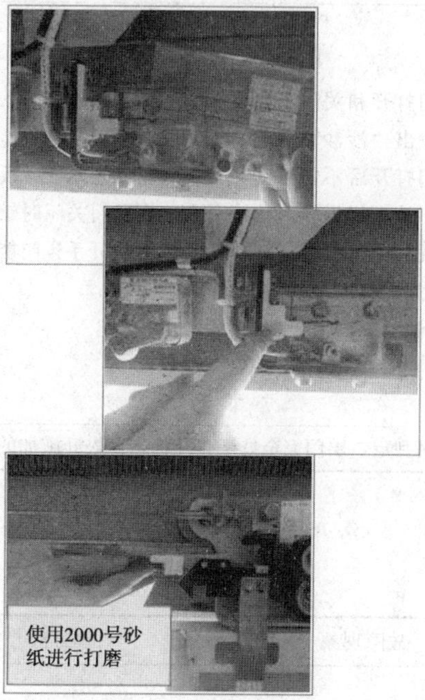 使用2000号砂纸进行打磨 |
| 合格判定条件：电梯检修运行状态下，以150 N的力施加在层门的最不利点上，门扇间距不大于45 mm（中分门），电梯不停梯。 | | |

7. 门锁滚轮侧向摩擦严重（如表2－7所示）

表2－7　门锁滚轮侧向摩擦严重的原因与处理方法

| 故障现象 | 处理方法 | 处理图示 |
|---|---|---|
| 检查发现，门锁滚轮侧向摩擦受损，经测量发现轿厢地坎与滚轮间隙过小，偏载情况下发生地坎与滚轮刮擦。 | 检查门头垂直度，松开门锁挂件螺栓，减少垫片，调整后测量。<br>将电梯检修运行到轿厢与门锁滚轮平齐位置，打开轿厢门，测量轿厢地坎与门锁滚轮之间的间隙在6～10 mm为宜。 |  |
| 合格判定：调整完毕无撞击、无异响。 | | |

8. 层门开关不顺畅、自闭性差（如表2-8所示）

表2-8 层门开关不顺畅、自闭性差的原因与处理方法

| 故障现象 | 处理方法 | 处理图示 |
| --- | --- | --- |
| 层门打开和关闭不顺畅，发出“沙沙”的响声，门打开后不能自动关闭。检查门导轨清洁是否无污，两侧开门门挂轮锁紧螺栓是否松脱，偏心。 | 用胶锤轻敲门挂件，挂轮居中后拧紧固定螺栓，反复开关层门，当层门关闭时锁钩到达门锁盒时放开手，门能够自动关闭。 | 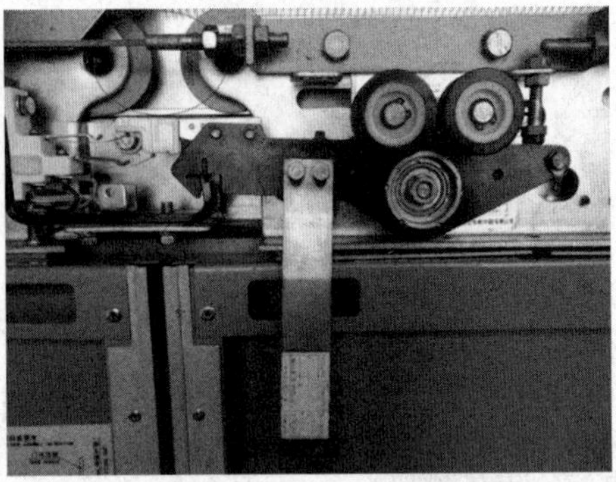 |
| 合格判定：层门完全处于打开状态，松开施加的力，门能自动关闭。 | | |

9. 紧急开锁故障（如表2-9所示）

表2-9 紧急开锁常见故障与处理方法

| 故障现象 | 处理方法 | 处理图示 |
| --- | --- | --- |
| 层门紧急开锁装置锈蚀、磨损，或者其他部件干涉、擦碰，引起运动卡阻无法复位。 | 打磨、清洁，严重不能复位的直接更换。 |  |
| 层门紧急开锁装置松动、变形，引起机械传动失效，无法开启门锁。 | 调整或者更换。 | 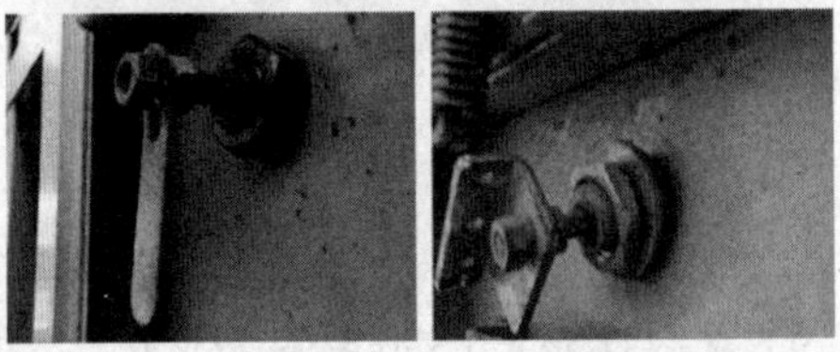 |
| 合格判定：层门完全处于打开状态，松开施加的力，门能自动关闭。 | | |

# 第三章 电梯轿厢系统结构及典型故障排查

## 第一节 电梯轿厢系统结构

### 一、轿厢结构

电梯轿厢是装载乘客或货物，具有方便出入门装置的箱形结构部件，是与乘客或货物直接接触的。轿厢由轿厢架和轿厢体组成，导靴、安全钳及操纵机构等也装设于轿厢架上，基本结构如图3-1所示。

在轿厢整体结构中，轿厢架作为承重结构件，制作成一个金属框架，一般由上梁、下梁、立梁和拉条等组成。框架选用型钢或钢板按要求压成型材构成，上梁、下梁、立梁之间一般采用螺栓连接。在上、下梁的两端有供安装轿厢导靴和安全钳的位置，在上梁中部设有安装轿顶轮或绳头组合装置的安装板，上梁上还装有安全钳传动机构和电气开关，在立梁（侧立柱）上留有安装轿厢壁板的支架及排布有安全钳拉杆等。

轿厢体由经压制成型的薄金属板组合成一个箱形结构，由轿底、轿壁、轿顶及轿门等组成，轿底框架采用槽钢和角钢焊接而成，并在上面铺设一层钢板或木板形成完整的底面，有时还会在其上再粘贴一层塑料地板或装饰材料来改善美观程度。轿壁由薄钢板经压制成型的壁板，用螺栓连接拼合而成，每块壁板的中部有特殊形状的加强筋，以增强轿壁的强度和刚性；在每块壁板的拼合接缝处，大多配装有装饰嵌条，既增加了美观程度，又减少了两块壁板间因振动而产生的噪声；轿内壁板面上通常贴有一层防火塑料板或有图案、花纹的不锈钢薄板等，也有把轿壁填灰磨平后再喷漆的；对于观光电梯，则采用高强度玻璃制作轿壁，保证乘客视线开阔；轿壁之间以及轿壁与轿顶、轿底之间，一般采用螺钉连接；轿顶的结构与轿壁相似，要求能承受一定的重量（电梯检修工需在轿顶工作），并有防护栏以及根据设计

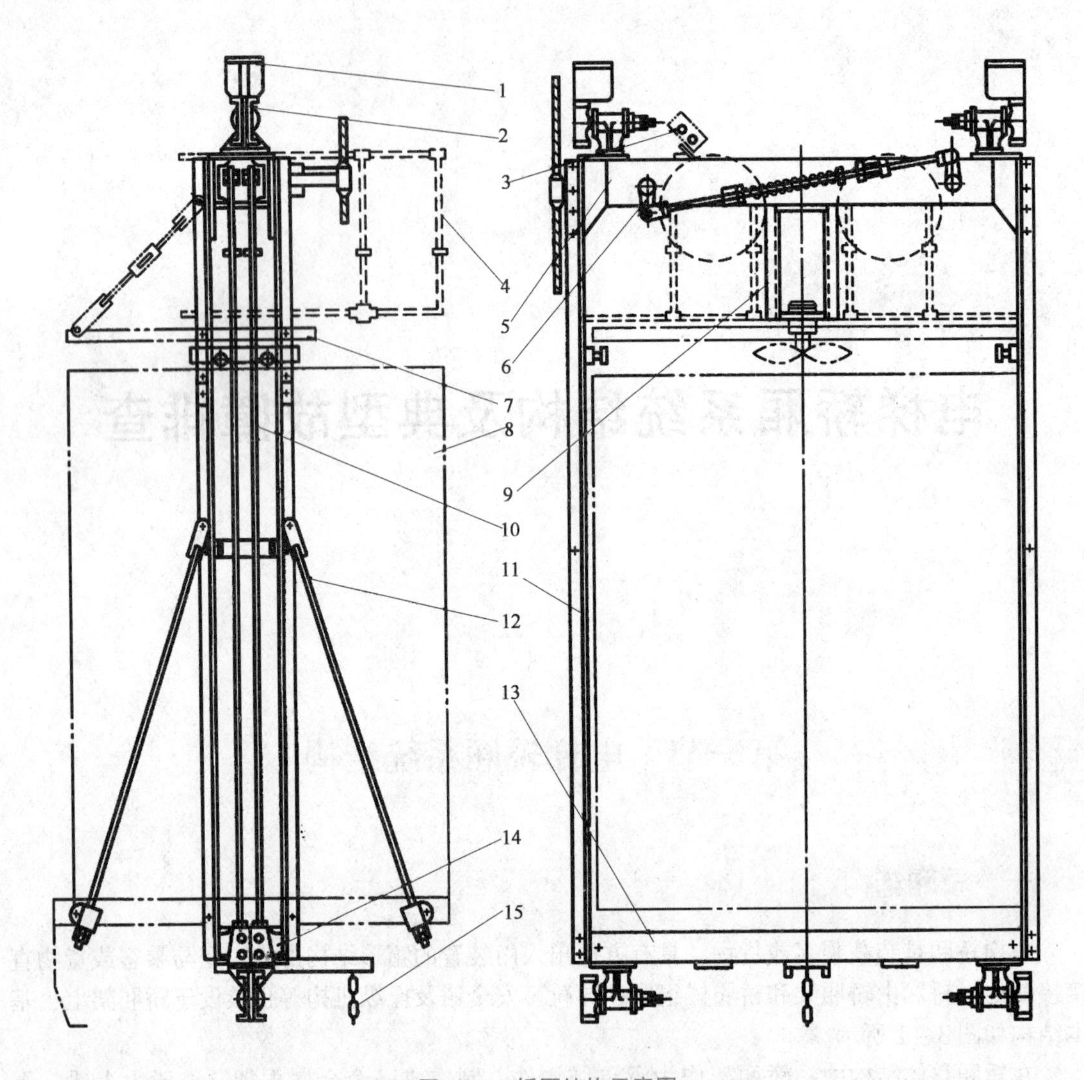


图 3－1　轿厢结构示意图

1—导轨加油盒；2—导靴；3—轿顶检修窗；4—轿顶安全护栏；5—轿架上梁；6—安全钳传动机构；7—开门机架；8—轿厢；9—风扇架；10—安全钳拉杆；11—轿架立梁；12—轿厢拉条；13—轿架下梁；14—安全钳钳体；15—补偿装置

要求设置的安全窗（轿顶检修窗），轿顶下面装有装饰板或吊顶装饰物（一般客梯有，货梯没有），在装饰板的上面安装照明灯、风扇。

为防止电梯超载运行，在轿厢上设置了防超载称重装置。根据称重装置在轿厢上安装的位置，可分为轿底称重式、轿顶称重式和机房称重式等几种方式。

1. 轿厢架

轿厢架是固定和悬吊轿厢的框架，是轿厢的主要承载构件，由上梁、立梁、下梁和拉条等部分组成。如图 3－2 所示。

拉条的作用是增强轿厢架的刚度，防止轿底负载偏心后地板倾斜。拉条设在轿底架适当位置时，可承受轿厢地板上 3/8 左右的负载。负载重量小、轿厢较浅的电梯，可以不设拉条；轿底面积较大的电梯，就特别需要拉条；一些大轿厢结构还需设双拉条。

2. 轿厢体

轿厢体由轿底、轿壁、轿顶和轿门等组成。如图 3－3 所示。

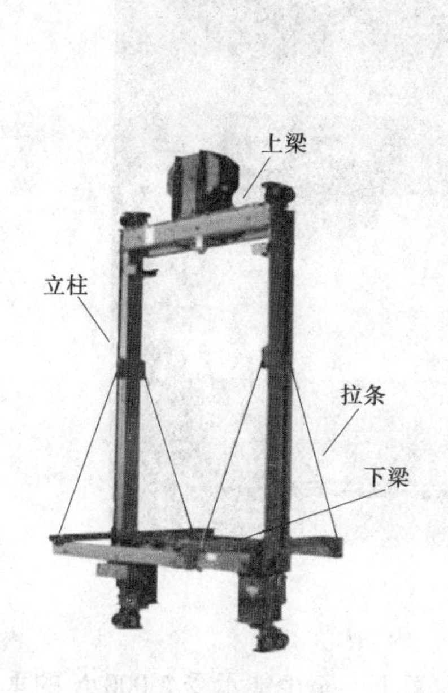


图 3－2　轿厢架的结构

图 3－3　轿厢体

(1) 轿底

轿底是轿厢支撑负载的组件，由框架和底板等组成。框架是用 6～8 号槽钢和角钢按设计要求的尺寸焊接而成。底板是在框架上铺设一层钢板或木板而成。客梯的底板常用薄铜板，再铺设塑胶板或地毯等。货梯上的底板，由于承重较大，常用 4～5 mm 的花纹铜板直接铺成。

轿底的前沿设有轿门地坎，地坎处装有一块垂直向下延伸的光滑挡板，即护脚板。客梯轿厢底面上装有轿壁围裙，避免乘客的脚直接踢碰轿壁。

(2) 轿壁

轿壁常用金属薄钢板压制而成；每个面壁由多块折边钢板拼装而成；每块轿壁之间可以嵌有镶条，起装饰和减震作用。轿壁应有一定的强度，当一个 300 N 的力从轿厢内向外垂直作用于轿壁的任何位置，并均匀分布于面积为 5 $cm^2$ 的圆形或方形面积上时，轿壁应无永久变形或弹性变形不大于 15 mm。在轿壁板的背面，有薄板压成槽钢状的加强筋，以提高机械强度。

货梯，常在轿壁的下部用厚木板或钢板，加一层护梯壁，防止货物对轿壁的磕碰。客梯，轿壁常装有扶手；高级客梯在轿壁上还装有整容镜。医梯，轿门对面的轿壁上，装有一面大镜子，以供残疾人的轮椅方便进出。

(3) 轿顶

轿顶一般也用薄钢板制成。轿顶安装开门机构、门电动机控制箱、风扇、检修用操纵箱及照明设备和安全窗。发生故障时，检修人员能上到轿顶通过安全窗检修井道内的设备或乘梯人员通过安全窗撤离轿厢。如图 3－4 所示。

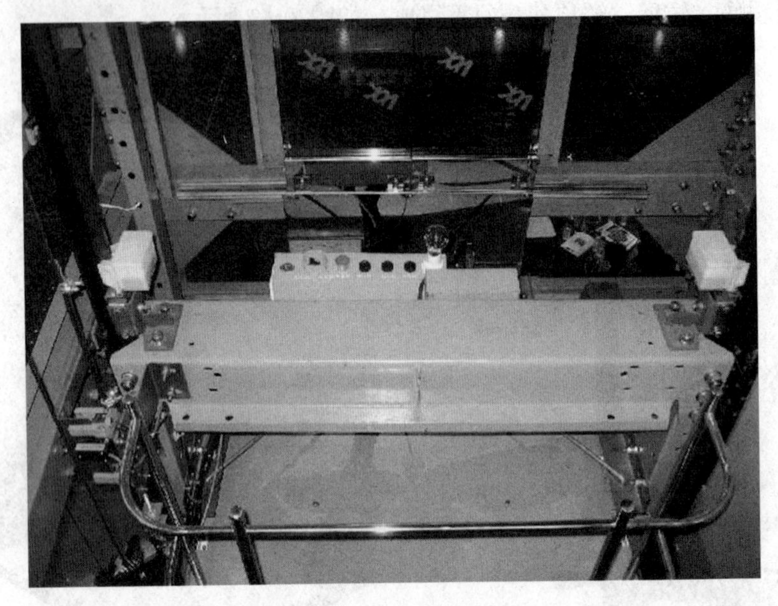

图 3－4　轿顶

轿顶应能支撑两个人的重量，即在轿顶的任何位置上，至少能承受 2 000 N 的垂直力而无永久变形。轿顶应有一块至少为 0. 12 $m^2$ 的站人用的净面积，其短边至少为 0. 25 m。轿顶设防护兰，确保电梯维修人员安全。

## 二、轿厢的特点与尺寸要求

1．客梯轿厢

（1）客梯轿厢的特点

客梯的轿厢是给乘客提供一个空间，输送乘客去目的楼层，所以乘客的舒适性、方便程度就成为客梯主要考核的目标。

客梯内部装饰一般都讲究色彩的搭配和装潢，在轿壁上往往进行一些装修，如在轿壁上贴装蚀刻、抛磨或电镀美观的花纹图案的金属薄板，张贴各类广告等，也有直接对轿厢壁板作装饰的。现在还有一些高档电梯在其中装设电视，既能够给乘客提供丰富的节目，同时又避免了陌生人近距离相处时产生的尴尬感觉。

客梯轿厢内的采光一般都使用柔和的光线，往往将灯装设在吊顶上侧，光线通过反射后再进入乘客区，避免刺眼。为了有效改善轿厢内的空气质量，还会装设换气风扇，随时向轿厢内提供新鲜空气；某些在热带地区使用的高档电梯，还会加装电梯专用空调器，保持轿厢凉爽舒适。

（2）客梯轿厢载重量（人数）与有效面积

为避免轿厢乘员过多引起超载，必须对轿厢的有效面积作出限制。轿厢的有效面积指轿厢壁板内侧实际面积，《电梯制造与安装安全规范》（GB 7588—2003）对轿厢的有效面积与额定载重量、乘客人数都做了具体规定，如表 3－1 和表 3－2 所示。

**表 3－1　乘客人数与轿厢最小面积**

| 乘客人数/人 | 轿厢最小有效面积/$m^2$ | 乘客人数/人 | 轿厢最小有效面积/$m^2$ | 乘客人数/人 | 轿厢最小有效面积/$m^2$ | 乘客人数/人 | 轿厢最小有效面积/$m^2$ |
|---|---|---|---|---|---|---|---|
| 1 | 0.28 | 6 | 1.17 | 11 | 1.87 | 16 | 2.57 |
| 2 | 0.49 | 7 | 1.31 | 12 | 2.01 | 17 | 2.71 |
| 3 | 0.60 | 8 | 1.45 | 13 | 2.15 | 18 | 2.85 |
| 4 | 0.79 | 9 | 1.59 | 14 | 2.29 | 19 | 2.99 |
| 5 | 0.98 | 10 | 1.73 | 15 | 2.43 | 20 | 3.13 |
| 注：超过 20 位乘客时，每超出一位增加 0.115 $m^2$。 | | | | | | | |

**表 3－2　额定载重量与轿厢最大有效面积**

| 额定载重量/kg | 轿厢最大有效面积/$m^2$ | 额定载重量/kg | 轿厢最大有效面积/$m^2$ |
|---|---|---|---|
| 100[1)] | 0.37 | 900 | 2.20 |
| 180[2)] | 0.58 | 975 | 2.35 |
| 225 | 0.70 | 1 000 | 2.40 |
| 300 | 0.90 | 1 050 | 2.50 |
| 375 | 1.10 | 1 125 | 2.65 |
| 400 | 1.17 | 1 200 | 2.80 |
| 450 | 1.30 | 1 250 | 2.90 |
| 525 | 1.45 | 1 275 | 2.95 |
| 600 | 1.60 | 1 350 | 3.10 |
| 630 | 1.66 | 1 425 | 3.25 |
| 675 | 1.75 | 1 500 | 3.40 |
| 750 | 1.90 | 1 600 | 3.56 |
| 800 | 2.00 | 2 000 | 4.20 |
| 825 | 2.05 | 2 500[3)] | 5.00 |

1）一人电梯的最小值；

2）二人电梯的最小值；

3）额定载重量超过 2 500 kg 时，每增加 100 kg，面积增加 0.16 $m^2$。对中间的载重量，其面积由线性插入法确定。

乘客数量由下述方法确定：

按公式“额定载重量/75”计算，计算结果向下圆整到最近的整数，或取表 3－1 中较小的数值。

2．货梯轿厢

（1）轿厢的特点

货梯轿厢由于其运送货物的特点，均采用普通碳钢材料制作，无装饰要求，轿底采用较厚的花纹钢板制作，便于承重并防止货物滑移。货梯在运载比重较大的物品或用拖车、小车运送货物时，会使载荷集中在轿底某一较小的面积上，使轿厢承受集中载荷；当拖车等进出轿厢时，轿厢会受到很大的偏重力作用，使导靴、导轨、轿厢架等受到大的载荷；加之拖车等进入轿厢后，往往不停在轿厢的中间，从而产生很大的偏重载荷。由于货梯的这些特点，对其结构设计提出了不同的要求，同时在使用电梯时，应尽量使货物置于轿厢中部并避免集中载荷。货梯有时还会采用直通式轿厢，会开设两个直接相对的轿门，以方便于货物装卸或配合工厂建筑结构。但须特别说明的是，严禁将两扇相对方向打开门的轿厢作为通道使用。

(2) 轿厢的空间尺寸

货梯轿厢的有效面积与电梯最小额定载重量的关系，在我国未做出规定，但可以参照表3－2执行。

3. 医用梯轿厢

由于以病床或担架（含病人）为装运对象，同时还会有随行的医疗器械及医护人员，因此医用梯轿厢一般是长而窄，其有效面积在额定载重量相同的情况下要大于客梯。

医用梯的轿厢内部一般比较简单。为适应病人仰卧的特点，轿厢的照明设置以间接照明式为宜；多为有司机操作方式；由于医用梯长期在多病菌环境中工作，须定期做清洁消毒处理，所以轿厢内壁较为光洁平整，多采用不锈钢壁板，易于清理消毒；电梯运行的平稳性要求较高。

4. 杂物梯轿厢

杂物梯以运送书籍、食品等小件物品为目的，其载重量较小。为了限制人进入轿厢，杂物梯轿厢尺寸一般比较狭窄。如果轿厢由几个固定间隔组成，则轿厢总高度允许超过1.20 m。

5. 观光梯轿厢

观光梯一般装设在高档豪华宾馆、展览大厅内外，在轿厢中可以饱览外部风光，使得乘客在完成升降的过程中，同时浏览风景。此类电梯轿厢通透明亮，外形常做成棱形或圆形等，观光面的轿壁使用符合《电梯制造与安装安全规范》（GB 7588—2003）中8.8.2.2规定的强化夹层玻璃，当玻璃下端距地面少于1.10 m时，必须在高度0.90～1.10 m高处设置扶手栏，该扶手栏的固定与玻璃无关。玻璃轿壁的固定在玻璃下沉时，应保证其不会滑出，玻璃不会因冲击而产生龟裂等现象。为了保证玻璃轿壁的强度，每块玻璃的面积是受到限制的。观光梯轿厢的内外装饰都十分讲究，除内部设计豪华外，其外露部分常加装以各种彩色装饰和彩色灯具，观光电梯轿厢内部一般结构如图3－5所示。

6. 汽车梯轿厢

汽车梯是垂直提升汽车所用，所以其轿厢面积必须较大，通常在轿厢底板设有双拉杆结构，有时还会设置楔形垫块，置于车轮下防止车辆溜滑，汽车梯轿厢有时还不设全封闭轿顶和轿壁，具体结构如图3－6所示。

汽车梯轿厢的额定载重量与轿厢底板面积之间的关系在我国尚无严格规定，可参照国外的一般要求：

美国规定：$Q=146.5A$；

日本规定：$Q=150A$；

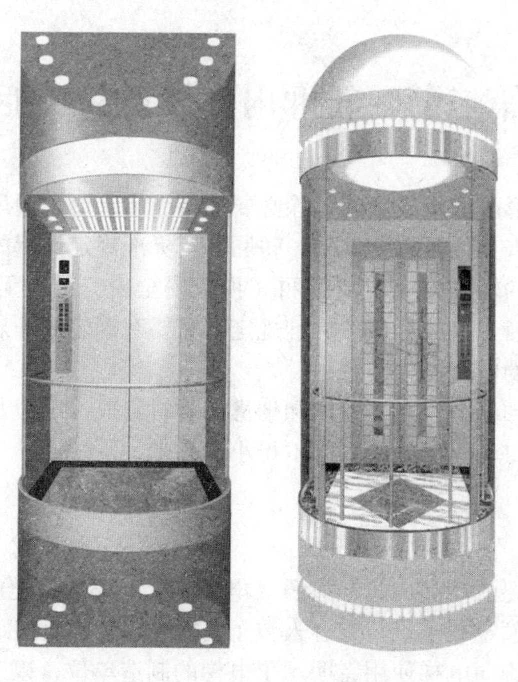

图 3－5　观光电梯轿厢效果图

图 3－6　汽车梯整体结构

式中：

$Q$——电梯的最小额定载重量（kg）；

$A$——轿厢有效面积（$m^2$）。

## 第二节　轿厢内部设备和功能

轿厢是由封闭围壁形成的承载空间，除必要的轿门出入口、通风孔以及按标准规定设置的功能性开口外，不得有其他开口。其中，轿厢上按标准规定设置的功能性开口包括：部分电梯根据救援需要设置的轿厢安全门或轿厢（顶）安全窗，对于无机房电梯作业场地等设置的轿厢检修门或检修窗，这些开口按标准规定都需要有规定的开启方式和门保护装置，包括锁紧装置和验证锁紧的电气安全装置。

轿厢体应由不易燃和不产生有害气体和烟雾的材料组成，一般都是采用钢板。为了乘客的安全和舒适，轿厢入口和内部的净高度不得小于 2 米。

### 一、轿厢铭牌

轿厢铭牌是电梯重要的产品标志，按照《电梯制造与安装安全规范》（GB 7588—2003）的要求，应标出电梯的额定载重量与乘客人数（载货电梯仅标出额定载重量）以及电梯制造厂名称或商标。轿厢铭牌向电梯使用者明示了电梯的制造单位，以及电梯使用者正确使用电梯所必须遵守的额定载重量及乘客人数的规定。

### 二、轿厢操纵箱

轿厢操纵箱又称轿内控制箱或轿内操作盘，是用于操纵电梯运行的装置，司机或乘客在轿厢通过操纵箱的按钮来控制电梯的运行。轿厢操纵箱分显示操纵部分和司机操纵部分。

1. 显示操纵部分

显示部分，有运行方向显示、所到楼层显示、超载显示、所到楼层的层号按钮、开门按钮、关门按钮、紧急报警按钮等基本功能和其他附加功能。

①运行方向显示：用箭头表示轿厢正在运行的方向。

②所到楼层显示：用数字表示轿厢所到楼层。

③超载显示：电梯超载时，电梯会发出有声响信号或者灯光信号，以提示使用者。

④故障显示：部分电梯故障时，会利用楼层显示面板显示不同的故障状态，以便于检修。

⑤所到楼层的层号按钮：司机或者乘客选择所要到达楼层的按钮。

⑥开门按钮：电梯正关门时，重新将门打开按钮；或者须要保持开门状态时，持续按该按钮。

⑦关门按钮：将电梯门关闭的按钮。

⑧警铃按钮：按动警铃声响，警铃一般安装在基站，对于设置有紧急报警装置的电梯，警铃及其按钮不是必需的。

⑨紧急报警装置按钮：按动紧急报警开关（按钮），轿厢能与值班室进行双向对讲通话；此外，大部分电梯的紧急报警按钮也附带有警铃功能。

2. 司机操纵部分

司机操纵部分（如图 3－7 所示），用带锁的盒子锁住，以保证电梯乘客不能接触，以免造成错误操作，引起电梯故障或者影响电梯安全。轿厢操纵箱的司机操纵部分提供给电梯司机、安全管理人员和检修人员使用，不提供给电梯乘客直接使用。司机操纵部分包括自动/司机转换开关、正常/检验转换开关、慢上按钮、慢下按钮、直驶按钮、延时关门按钮、轿厢照明开关、轿厢风扇开关等。

①自动/司机转换开关：将电梯控制方式进行转换，"自动"就是集选或并联控制等，不需要司机操纵电梯，由乘客自己操纵；"司机"就是信号控制，只能由司机操纵电梯的运行。

②正常/检验转换开关：将电梯在正常运行状态和检验运行状态之间转换，主要是供电梯检修人员使用。检修运行就是进入慢车运行状态。

③慢上按钮：检修运行时，慢车向上运行按钮。

④慢下按钮：检修运行时，慢车向下运行按钮。

⑤直驶按钮："司机"状态时，按动该按钮，电梯不响应外呼顺向截梯信号。

⑥延时关门按钮："司机"状态时，按动该按钮，电梯门长时间处于开门状态，方便装卸货物。

⑦轿厢照明开关：轿厢照明灯的开关。

⑧轿厢风扇开关：轿厢风扇的开关。

图 3－7 楼层显示操纵板

## 三、轿厢显示器

根据显示器的成像原理，可以分为 LED 显示器和 LCD 显示器。

1. LED 显示器采用发光二极管作为成像元件，通常可分为 LED 数码管显示器和 LED 点阵显示器两种

LED 数码管也称半导体数码管，可分为七段数码管和八段数码管，区别在于八段数码管比七段数码管多一个用于显示小数点的发光二极管单元 DP。其基本单元是发光二极管，是以发光二极管作笔段并按共阴极方式或共阳极方式连接后封装而成的。如图 3－8 和图 3－9 所示是两种 LED 数码管的外形与内部结构，"＋""－"分别表示公共阳极和公共阴极，a～g 是 7 个笔段电极，DP 为小数点。LED 数码管型号较多，规格尺寸也各异，显示颜色有红、绿、橙等。

LED 点阵是由发光二极管呈矩阵排列组成的显示器件，通过控制矩阵中各个半导体发光二极管进行文字、图形、图像、动画的显示。相比 LED 数码管显示器，LED 点阵显示器能够显示比单纯数字更为复杂的图形，其图形显示的细腻程度随显示器分辨率（LED 矩阵的点阵数字）增加而提高；相比 LED 数码管显示器，点阵显示器还可以在解码电路的配合下显示动画、动态信息，比如将电梯运行的楼层数字和运行方向进行上下滚动显示。如图 3－10 和图 3－11 所示。

图 3-8　七段码电气楼层显示器

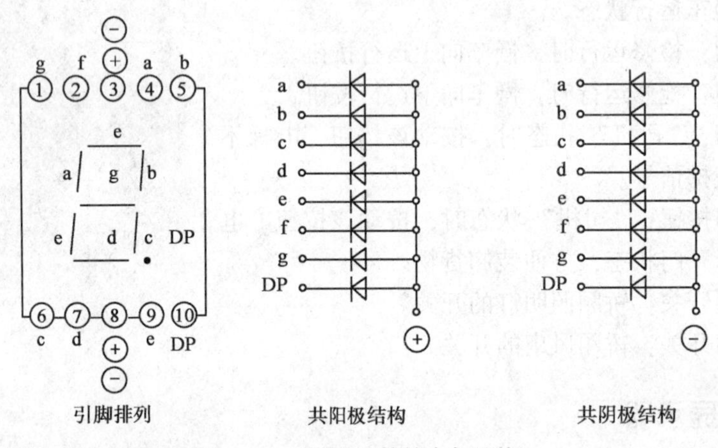


图 3-9　八段数码管的电气结构

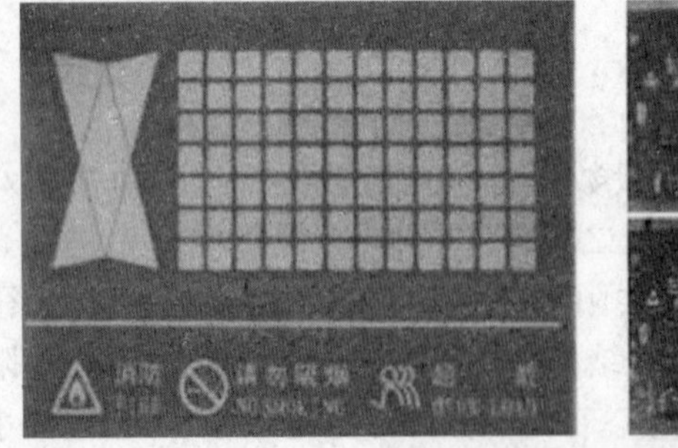

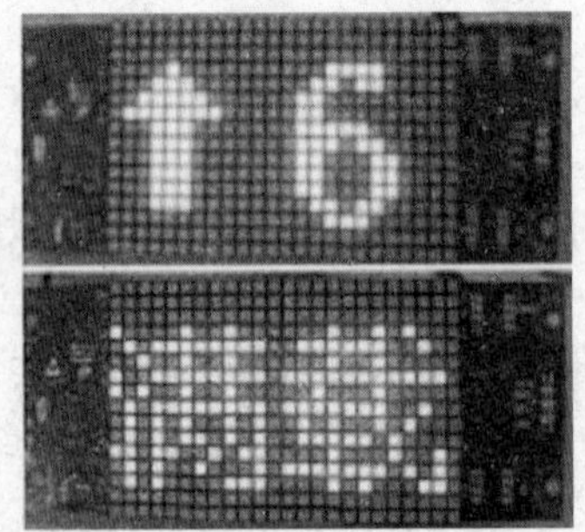

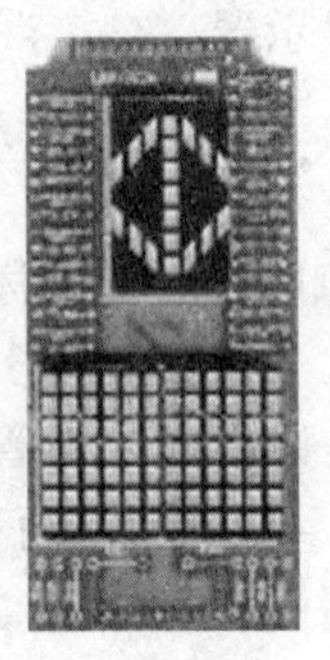

图 3-10　各型号电梯 LED 点阵显示器

2. LCD 显示器即常说的液晶显示器，LCD 是基于液晶电光效应的显示器件

LCD 显示器所使用的液晶，是某些物质在熔融状态或被溶剂溶解之后，在失去固态物质的刚性、获得液体的易流动性的同时，还保留着部分晶态物质分子的各向异性有序排列，形成一种兼有晶体和液体的部分性质的中间态，这种由固态向液态转化过程中存在的取向有序流体称为液晶。

从技术上简单地说，液晶面板包含了两片相当精致的无钠玻璃素材，中间夹着一层液晶。大多数液晶都属于有机复合物，由长棒状的分子构成，在自然状态下，这些棒状分子的长轴大致平行，将液晶倒入一个经精良加工的开槽平面，液晶分子会顺着槽排列，所以假如那些槽非常平行，则各分子也是完全平行的。当光束通过这层液晶时，液晶本身会排排站立或扭转呈不规则状，因而阻隔或使光束顺利通过。当导电薄膜通电时导通，液晶的排列会根据电场的方向变得有秩序，使光线容易通过，使液晶如闸门般地阻隔或让光线穿透。如图 3－12 所示。

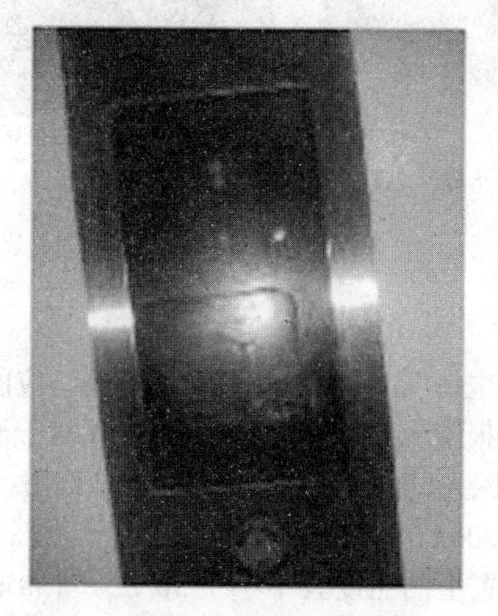

图 3－11　层站 LED 点阵显示器损坏

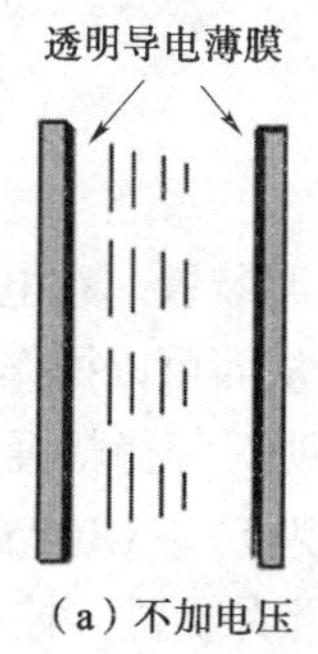


(a) 不加电压

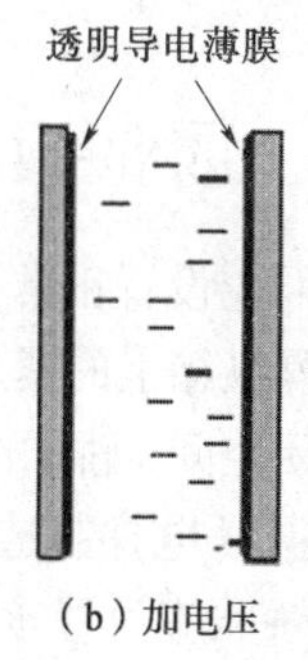


(b) 加电压

图 3－12　液晶的排列

电梯上常用的 LCD 显示器在编码原理上与 LED 显示器相似，可以分为显示字符段的段码式 LCD 显示器和显示字符、图形、图像的矩阵式 LCD 显示器两种，如图 3－13 和图 3－14 所示。

图 3－13　段码式 LCD 显示器

图 3－14　矩阵式 LCD 显示器

根据液晶显示器的成像色彩种类，可以将其分为单色 LCD 显示器和彩色 LCD 显示器两种类型。

根据其信息显示功能，又可以将电梯上常用的液晶显示器分为仅显示运行楼层与方向信息的楼层信息 LCD 显示器，以及除运行楼层与方向信息以外，还可以用于视频、音频和文字信息播放的多媒体信息 LCD 显示器两类。需要注意的是，上述多种形式的 LCD 显示器，在编码原理上都属于矩阵式液晶显示器。如图 3 - 15 所示。

单色液晶显示器

彩色液晶显示器

层站彩色液晶显示器损坏

图 3 - 15　液晶显示器

## 四、轿厢照明

轿厢应设置正常照明和紧急照明装置。在电梯断电情况下，紧急照明自动点亮，应能让乘客看清操纵箱上的紧急报警按钮，从而可以操作紧急报警装置向外求救。此外，相对于没有光源的封闭空间，轿厢内提供紧急照明对等待救援的被困人员也起到一定的心理抚慰作用。

根据《电梯制造与安装安全规范》（GB 7588—2003）中相关要求：

①轿厢应设置永久性的电气照明装置，控制装置上的照度宜不小于 50 lx，轿厢地板上的照度宜不小于 50 lx。

②如果照明是白炽灯，至少要有两只并联的灯泡。

③使用中的电梯，轿厢应有连续照明。对动力驱动的自动门，当轿厢停在层站上，按 GB 7588—2003 的 7. 8 门自动关闭时，则可关断照明。

④应有自动再充电的紧急照明电源，在正常照明电源中断的情况下，它能至少供 1 W 灯泡用电 1 h。在正常照明电源一旦发生故障的情况下，应自动接通紧急照明电源。

⑤如果 GB 7588—2003 的 8. 17. 4 所述的电源同时也供给 14. 2. 3 要求的紧急报警装置，其电源应有相应的额定容量。

目前常见的轿厢照明光源，可以分为白炽灯、卤素灯、荧光灯、稀土三基色紧凑型荧光灯（节能灯）、LED 灯（带）等。如图 3 - 16 所示。

### 1. 白炽灯

白炽灯是广泛使用的一种光源，是一种透过通电，利用电阻把细丝线（现代通常为钨丝）加热至白炽，用来发光的灯。电灯泡外围由玻璃制造，把灯丝保持在真空或低压的惰性气体之下，作用是防止灯丝在高温之下氧化。

白炽灯最大问题是灯丝的升华。因为钨丝上细微的电阻差别造成温度不一，在电阻较大的地方，温度升得较高，钨丝亦升华得较快，于是造成钨丝变细、电阻进一步增大的恶性循环。白炽灯寿命较短，在 1 000 h 左右；也不省电，它还会造成不低的温度，所以不可以距离纸张、纺织品或塑胶制品太近。

白炽灯由于耗电量大、寿命短，性能远低于新一代的新型光源，已逐步被紧凑型节能灯等新型光源取代。我国已经从 2012 年 10 月 1 日起，分阶段逐步禁止进口和销售普通照明白炽灯。

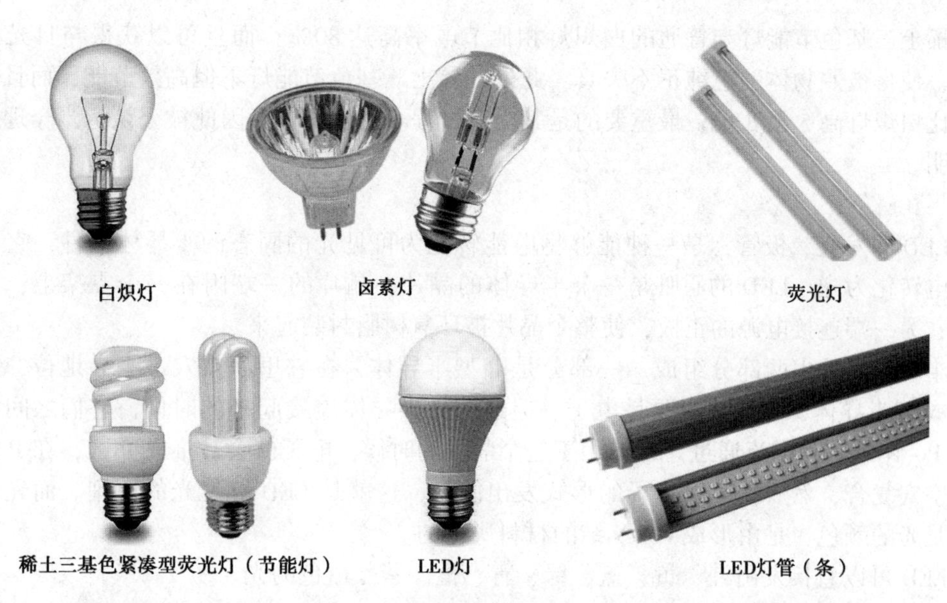


图 3-16　轿厢照明光源分类

2. 卤素灯

卤素灯是白炽灯的改进，它保持了白炽灯所具有的优点：简单、成本低廉、亮度容易调整和控制、显色性好（Ra = 100）。同时，卤素灯克服了白炽灯的许多缺点：使用寿命短、发光效率低（一般只有 6% ~10% 可转化为光能，而其余部分都以热能的形式散失）。卤素灯供电电压通常分为交流 220 V 和直流 12 V、24 V。

卤素灯泡与其他白炽灯的最大差别在于一点，就是卤素灯的玻璃外壳中充有一些卤族元素气体（通常是碘或溴）。其工作原理为：当灯丝发热时，钨原子被蒸发后向玻璃管壁方向移动，当接近玻璃管壁时，钨蒸气被冷却到大约 800 ℃并和卤素原子结合在一起，形成卤化钨（碘化钨或溴化钨）。卤化钨向玻璃管中央继续移动，又重新回到被氧化的灯丝上，由于卤化钨是一种很不稳定的化合物，其遇热后又会重新分解成卤素蒸气和钨，这样钨又在灯丝上沉积下来，弥补被蒸发掉的部分。通过这种再生循环过程，灯丝的使用寿命不仅得到了大大延长（几乎是白炽灯的 4 倍），同时由于灯丝可以工作在更高温度下，从而得到了更高的亮度、更高的色温和更高的发光效率。

卤素灯泡亦能以比一般白炽灯更高的温度运作，它们的亮度及效率亦更高。不过在这温度下，普通玻璃可能会软化，因此卤素灯泡需要采用熔点更高的石英玻璃。而由于石英玻璃不能阻隔紫外线，故此卤素灯泡通常都需要另外使用紫外线滤镜。

3. 荧光灯

传统型荧光灯即低压汞灯，是利用低气压的汞蒸气在通电后释放紫外线，从而使荧光粉发出可见光的原理发光，因此它属于低气压弧光放电光源。

4. 稀土三基色紧凑型荧光灯（节能灯）

当今世界上流行使用的新型电光源大都与稀土有关，其中使用最多的电光源是稀土三基色紧凑型荧光灯。所说的三基色是指红、绿、蓝三种本色光，经过混色组合后，可以获得照明用的白色光。

稀土三基色节能灯与普通的白炽灯相比节电率高达80%，而且可以获得与日光相近的色温，使得被照物体颜色纯正不失真。此外，稀土三基色节能灯不但高效节能，而且使用寿命也比白炽灯高5至8倍。最重要的是其生产过程不污染环境。因此被公认为当今理想的绿色照明。

5. LED灯

LED即发光二极管，是一种能够将电能转化为可见光的固态的半导体器件，它可以直接把电转化为光。LED的心脏是一个半导体的晶片，晶片的一端附在一个支架上，一端是负极，另一端连接电源的正极，使整个晶片被环氧树脂封装起来。

半导体晶片由两部分组成，一部分是P型半导体，在它里面空穴占主导地位，另一部分是N型半导体，在这边主要是电子。但这两种半导体连接起来的时候，它们之间就形成一个P-N结。当电流通过导线作用于这个晶片的时候，电子就会被推向P区，在P区里电子跟空穴复合，然后就会以光子的形式发出能量，这就是LED灯发光的原理。而光的波长也就是光的颜色，是由形成P-N结的材料决定的。

LED可以直接发出红、黄、蓝、绿、青、橙、紫、白色的光。

白光LED的能耗仅为白炽灯的1/10、节能灯的1/4，更为节能，其寿命也达10万h以上，对普通家庭照明可谓“一劳永逸”。同时LED属于冷光源类型，发热量小，使用更为安全。

由于LED光源的二极管工作特性，决定其可以工作在频繁启动和关闭的状态下，而节能灯如果频繁地启动或关断，灯丝就会发黑，很快坏掉。同样，LED光源纯直流工作，消除了传统光源频闪引起的视觉疲劳。

但是LED光源同样也有自身的缺点：

①散热问题。如果散热不佳会大幅缩短寿命。

②低端LED灯的省电性还是低于节能灯（冷阴极管，CCFL）。

③初期购买成本较高。

因LED光源方向性很强，灯具设计需要考虑LED特殊光学特性。

照明装置，均由备用电源（蓄电池）供电，电梯安全管理人员和保养人员应经常检查，以确保其电源良好。

## 五、轿厢通风

电梯轿厢是一个封闭的空间，正常使用时轿厢内需要在其上部及下部设置通风孔并符合规定的有效面积要求。正常使用时，一般电梯位于轿厢顶部还会设置风扇进行通风。当电梯困人时轿厢内的通风显得尤为重要，被困人员的呼救、心理焦虑和拥挤都导致消耗大量氧气，部分体质较弱的被困人群，如儿童、老人、病人等，在通风不良的情况下很容易感到不适。在停电情况下风扇的通风作用将会失效，此时轿厢的通风只能依靠设计的自然通风。

根据《电梯制造与安装安全规范》（GB 7588—2003）中相关要求：

①无孔门轿厢应在其上部及下部设通风孔。

②位于轿厢上部及下部通风孔的有效面积均不应小于轿厢有效面积的1%。

③轿门四周的间隙在计算通风孔面积时可以考虑进去，但不得大于所要求的有效面积的50%。

④通风孔应这样设置：用一根直径为 10 mm 的坚硬直棒，不可能从轿厢内经通风孔穿过轿壁。

根据风机的设计原理可以分为离心风机、轴流风机、贯流风机、混流风机。而目前常用的轿厢风机分为轴流风机和贯流（横流）风机两种。

轴流风机用途非常广泛，就是产生与风叶的轴同方向的气流，如电风扇，空调外机风扇就是轴流方式运行风机。之所以称为“轴流式”，是因为气体平行于风机轴流动。轴流式风机通常用在流量要求较高而压力要求较低的场合。轴流式风机固定位置并使空气移动。轴流风机主要由风机叶轮和机壳组成，结构简单。如图 3 – 17 所示。

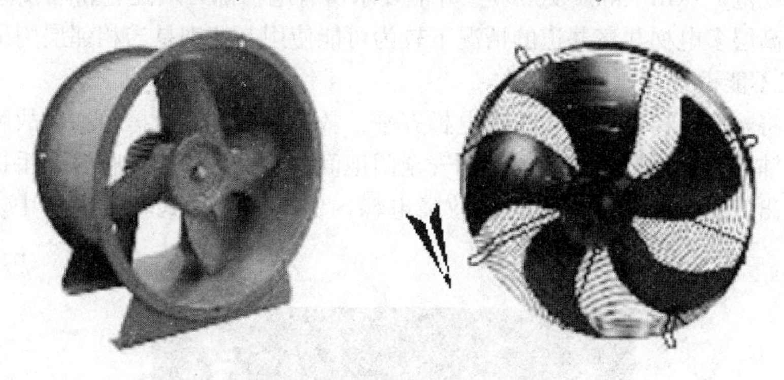

图 3 – 17　轴流风机

贯流风机又叫横流风机，是 1892 年法国工程师莫尔特（Mortier）首先提出的。叶轮为多叶式、长圆筒形，具有前向多翼形叶片，叶轮旋转时，气流从叶轮敞开处进入叶栅，穿过叶轮内部，从另一面叶栅处排入蜗壳，形成工作气流。如图 3 – 18 所示。

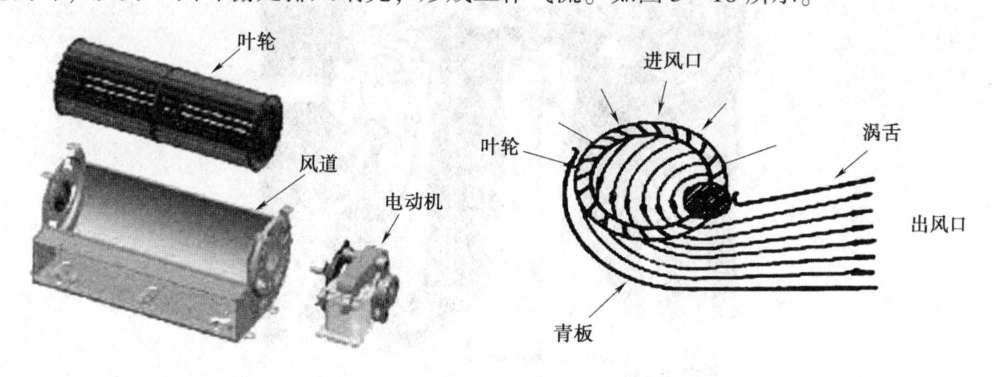


图 3 – 18　贯流风机结构与原理

气流在叶轮内的流动情况很复杂，气流速度场是非稳定的，在叶轮内还存在一个旋涡，中心位于涡舌附近。旋涡的存在，使叶轮输出端产生循环流，在旋涡外，叶轮内的气流流线呈圆弧形。因此，在叶轮外圆周上各点的流速是不一致的，越靠近涡心，速度愈大，越靠近涡壳，则速度愈小。在风机出风口处气流速度和压力不是均匀的，因而风机的流量系数及压力系数是平均值。旋涡的位置对横流风机的性能影响较大，旋涡中心接近叶轮内圆周且靠近涡舌，风机性能较好；旋涡中心离涡舌较远，则循环流的区域增大，风机效率降低，流量不稳定程度增加。

贯流风机的最大特点是流体两次流经风机叶轮，流体沿径向流入再沿径向流出，进气和排气方向处于同一平面，所排气体沿风机宽度方向分布均匀，结构简单，体积小，动压系数较高而达到的距离较长。

## 六、轿厢安全门

共享井道的电梯，在有相邻轿厢的情况下，如果轿厢之间的水平距离不大于 0.75 m，可以使用轿厢安全门，将故障电梯内的乘客解救到相邻的正常电梯轿厢中。根据《电梯制造与安装安全规范》(GB 7588—2003)，并非要求所有电梯都必须配置轿厢安全门，因此这种救援方式在高层多电梯共享井道的情况下较为可能使用，特别是当相邻层门地坎间距离超过 11 m，但又不能设置井道安全门时。

救援时，将救援电梯运行至与故障电梯齐平，救援人员打开救援电梯和故障电梯的轿厢安全门，通过铺设踏板连接两电梯的轿厢安全门地面，踏板两边加设临时扶手护栏，在两电梯轿厢安全门出口的救援人员引导下将故障电梯内的乘客转移到救援电梯中。如图 3－19 所示。

图 3－19　通过轿厢安全门从相邻电梯轿厢救援被困电梯轿厢内的乘客

《电梯制造与安装安全规范》(GB 7588—2003) 对轿厢安全门提出了以下安全要求。

1. 安全门的设置

在有相邻轿厢的情况下，如果轿厢之间的水平距离不大于 0.75 m (见 GB 7588—2003 的 5.2.2.1.2)，可使用安全门。安全门的高度不应小于 1.80 m，宽度不应小于 0.35 m。

2. 安全门的开启

①轿厢安全门应能不用钥匙从轿厢外开启，并应能用 GB 7588—2003 附录 B 规定的三角

钥匙从轿厢内开启。

②轿厢安全门不应向轿厢外开启。

③轿厢安全门不应设置在对重（或平衡重）运行的路径上，或设置在妨碍乘客从一个轿厢通往另一个轿厢的固定障碍物（分隔轿厢的横梁除外）的前面。

3. 安全门的锁紧与验证

①轿厢安全门应设有手动上锁装置。

②在 GB 7588—2003 的 8.12.4.1 中要求的手动上锁装置的锁紧应通过一个符合 14.1.2 规定的电气安全装置来验证。如果锁紧失效，该装置应使电梯停止。只有在重新锁紧后，电梯才有可能恢复运行。

## 七、轿厢超载控制装置

目前电梯基本由乘客自己操纵，大都取消了专职电梯司机，所以电梯的乘员数量就变得较难控制；对于载货电梯，货物的重量往往较难准确估计。为保证电梯安全可靠运行，不超载，电梯中必须装设超载称重装置，当轿厢载荷超过额定负载时，超载装置发出警告信号并使电梯不能启动运行。轿厢超载称重装置一般设置在轿底、轿顶或机房等处，根据其工作原理分为机械式、橡胶块式和压力传感器式等。

1. 机械式称重装置

机械式称重装置可以分为装设于轿顶、机房、轿底三种形式。如图 3－20 所示。

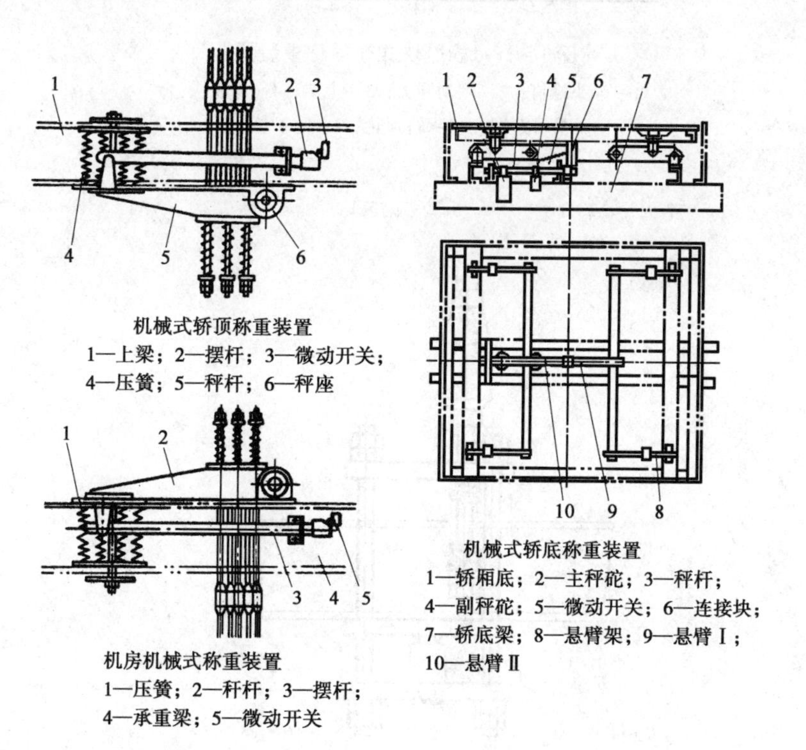

机械式轿顶称重装置
1—上梁；2—摆杆；3—微动开关；
4—压簧；5—秤杆；6—秤座

机房机械式称重装置
1—压簧；2—杆杆；3—摆杆；
4—承重梁；5—微动开关

机械式轿底称重装置
1—轿厢底；2—主秤砣；3—秤杆；
4—副秤砣；5—微动开关；6—连接块；
7—轿底梁；8—悬臂架；9—悬臂Ⅰ；
10—悬臂Ⅱ

图 3－20　机械式称重装置

2. 橡胶块式称重装置

利用橡胶块受力变形后触及微动开关，从而切断控制回路。如图 3－21 所示。

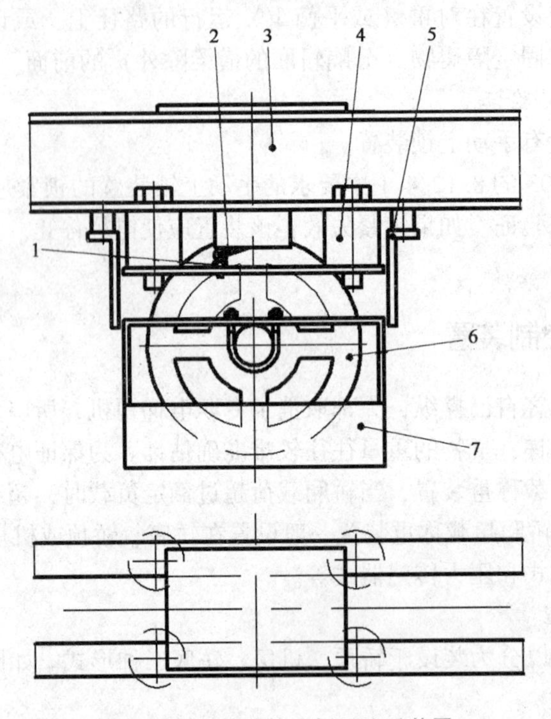


图 3－21　橡胶块式轿顶称重装置

1—触头螺钉；2—微动开关；3—上梁；4—橡胶块；
5—限位板；6—轿顶轮；7—防护板

3. 压力传感器式称重装置（如图 3－22 所示）

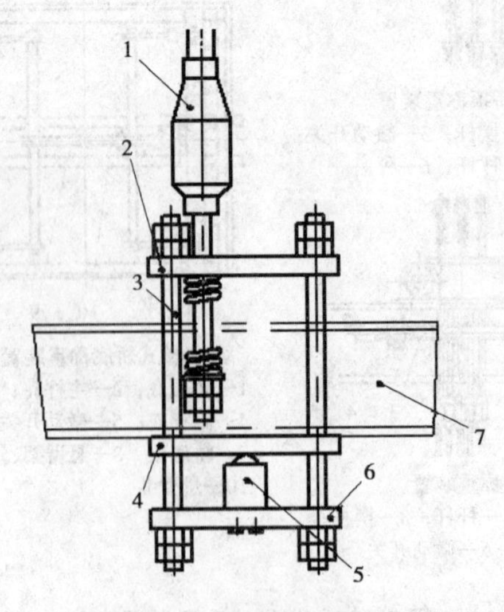


图 3－22　压力传感器式称重装置

1—绳头组合；2—绳吊板；3—螺栓；4—托板；
5—传感器；6—底板；7—承重梁

## 八、电梯轿厢平层停靠的控制方式

电梯轿厢的平层停靠，根据其控制方式不同，可以分为采用位置开环控制的爬行停靠和采用位置闭环控制的直接停靠两种。

1. 爬行停靠

采用爬行平层停靠方式的控制系统，在轿厢位移控制上采用的是开环控制，控制系统不对轿厢运行的位移进行实时监测，而是通过安装于轿厢上的减速传感器和门区传感器，触发控制系统对轿厢的减速和平层停靠进行控制。

电梯每一层站井道内都会对应安装一块门区平层插板、上行停靠减速插板和下行停靠减速插板，并在轿厢上对应安装一个门区传感器、上行停靠减速传感器和下行停靠减速传感器，三个传感器往往呈并排布置，常采用光电式接近开关或霍尔式接近开关作为传感器，如图 3－23 所示。

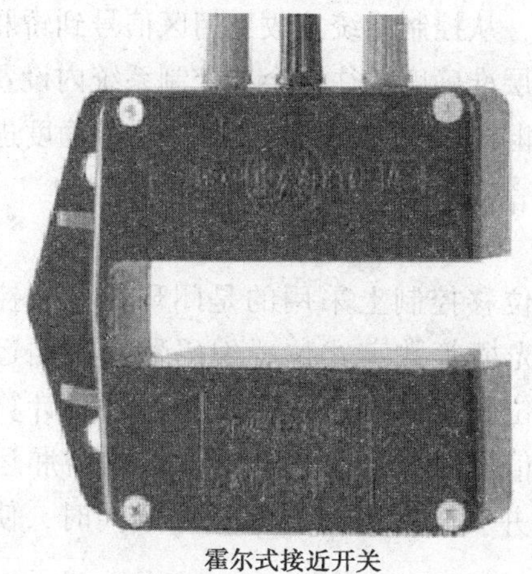
霍尔式接近开关

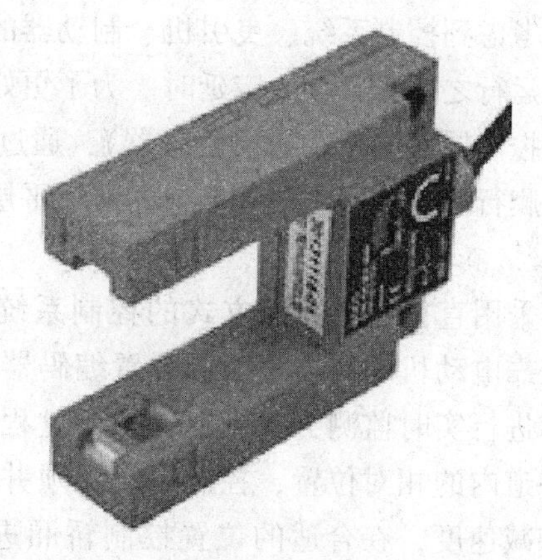
光电式接近开关

图 3－23　平层感应器

爬行停靠控制过程可以分为平层停靠减速、平层停靠爬行和平层停靠三个阶段。其速度曲线如图 3－24 所示。

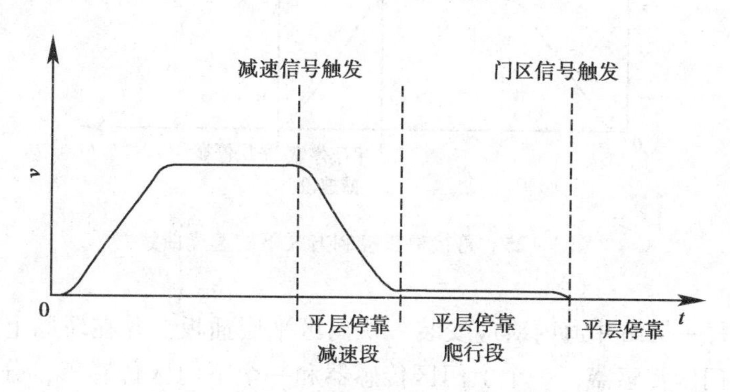


图 3－24　爬行停靠控制方式下的速度曲线

（1）平层停靠减速段

当电梯轿厢接近目的层站时，安装在轿厢上的减速传感器会首先经过安装在井道内的减速插板。减速传感器感应到井道内的减速插板后，向控制系统发出减速信号，使控制系统驱动曳引机进行减速。

（2）平层停靠爬行段

曳引机在控制系统和驱动系统的控制下，将轿厢的运行速度降低至一个非常低的速度，缓慢爬行至目的层站的开门区域，这个速度通常被称为爬行速度，通常情况下爬行速度在30～50 mm/s。

（3）平层停靠

轿厢缓慢向目的层站爬行的过程中，当安装于轿厢的门区传感器（又称平层传感器）进入门区插板内时，门区传感器向控制系统发出门区信号，控制系统根据接收到的门区信号，使曳引机停止运行，将轿厢停止在目的层站的开门区域内。

考虑到控制系统、曳引机、制动器的反应时间，从控制系统接收到门区信号到轿厢完全停止运行之间会存在一定延时。为了更好地控制平层准确度，往往会在控制系统内设置一个延时控制器（通常为延时继电器），通过调节延时继电器的延迟时间，对平层准确度进行微调。爬行停靠控制方式下电梯的减速平层时间较长，电梯运行效率相对较低。

2．直接停靠

采用直接平层停靠方式的控制系统，在轿厢位移控制上采用的是闭环控制，控制系统依靠电动机编码器、轿厢位置编码器、直线式光栅等数字式位置编码器对轿厢运行的位移进行实时监测，根据电梯运行过程中数字式位置传感器产生的位置脉冲，计算轿厢在井道内的相对位置，控制系统无须井道内减速信号触发，自行依据设定的轿厢运行速度和减速度，在合适的位置控制轿厢进行减速，并在轿厢减速至零速度的同时，使轿厢停止在平层位置。其速度曲线如图3－25所示。

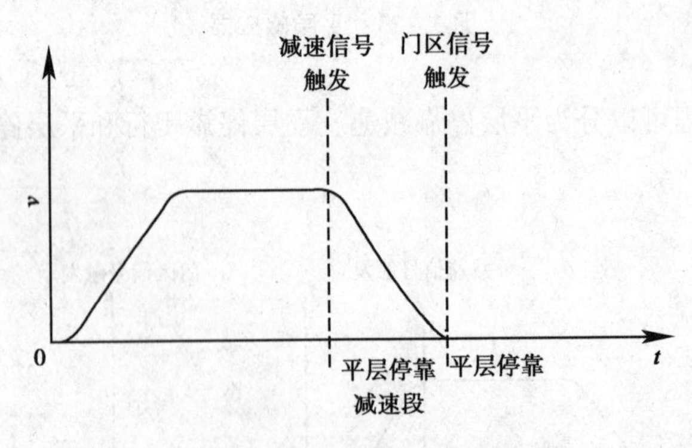


图3－25　直接停靠控制方式下的速度曲线

电梯仅需在每一层站井道内对应安装一块门区平层插板，并在轿厢上安装两个（或以上）上下串列的门区传感器，一个上门区传感器和一个下门区传感器，分别用于上行平层停靠和下行平层停靠，即可在电动机编码器、轿厢位置光栅等数字式位置编码器的帮助下，完成平层停靠。如图3－26和图3－27所示。

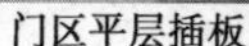
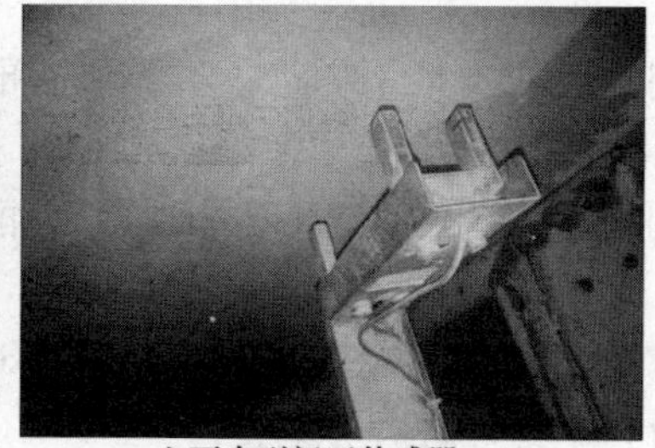
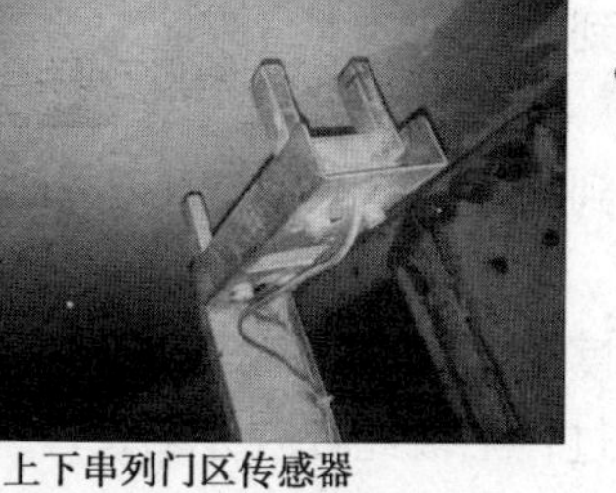

门区平层插板　　上下串列门区传感器

图 3－26　门区平层插板和门区传感器

电动机编码器　　轿厢位置编码器

图 3－27　编码器

直接停靠控制方式下，由于无须轿厢在爬行速度运行，电梯从额定速度减速到平层速度较快，电梯运行效率有较大幅度的提高。

两种平层停靠方式的速度曲线比较如图 3－28 所示。

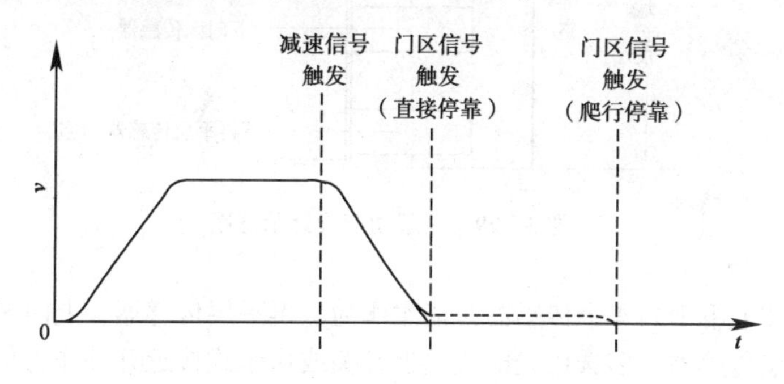


图 3－28　两种平层停靠方式速度曲线的比较

## 九、电梯轿厢再平层功能的控制原理

当电梯轿厢处于平层位置，随着乘客以及货物逐步进入轿厢，轿厢的总质量会逐渐增加，此时轿厢侧曳引钢丝绳会在不断增加的轿厢总重力作用下，逐渐伸长。对于提升高度较低的电梯（提升高度不大于 50 m 的电梯，常见如 15 层 15 站左右），该伸长量的绝对值较小，尚可控制在平层保持精度要求的 ±20 mm 内；然而当电梯的提升高度超过 50 m 时，在轿厢内放置额定载荷重量，曳引钢丝绳的伸长量将完全有可能超过 20 mm，引起轿厢平层保持精度过差。

①如果空载轿厢到站后进入大量乘客，会导致轿厢迅速下沉，使轿厢地坎低于层门地坎20 mm以上；

②或者满载轿厢到站后大量乘客涌出，会导致轿厢迅速上升，使轿厢地坎高出层门地坎20 mm以上。

轿厢平层保持精度超过20 mm时，会在轿厢地坎和层门地坎之间形成明显的台阶，容易引起乘客进出轿厢过程中被此台阶绊倒。

为了有效控制乘客进出轿厢过程中的平层保持精度，大提升高度电梯通常会设计配置再平层功能。所谓再平层功能，是指当电梯轿厢在层站平层并停靠开门以后，在确认轿厢处于开锁区域内的前提下，保持开门状态并且以不大于0.3 m/s的速度（采用静态换流器驱动的电梯，如变频器等）再次向平层位置运行，将平层保持精度恢复到要求以内。

再平层功能状态下，应至少由一个开关防止轿厢在开锁区域外的所有运行。该开关应当安装于门电气安全装置的桥接或旁接式电路中，在轿厢处于开锁区域内时能够屏蔽门电气安全装置的功能，让电梯在开门状态下运行；该开关应是满足GB 7588—2003要求的一个安全触点，或者其连接方式应当满足GB 7588—2003对安全电路的要求。

常见的再平层功能实现方式，会采用门区插板和再平层感应器对开锁区域的位置进行监测。如图3－29所示。

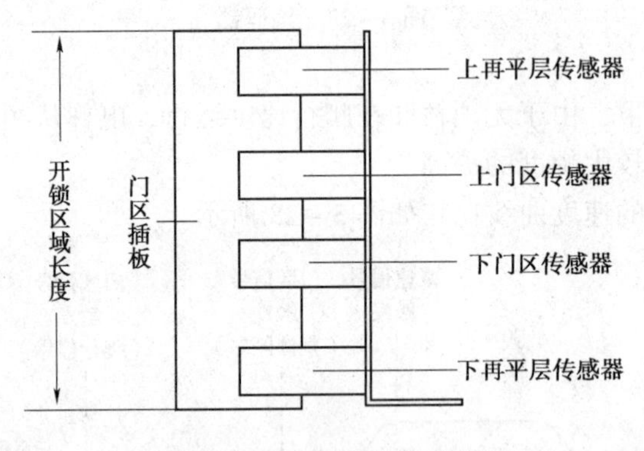


图3－29　平层功能设计示意图

在轿厢上安装上下串列4个传感器，依次作为上再平层传感器、上门区传感器、下门区传感器和下再平层传感器，多选用光电式接近开关或霍尔式接近开关作为传感器。再平层功能的控制原理如图3－30和图3－31所示。

当平层停靠时由于载重量变化，导致轿厢位置上升超过一定程度时，上再平层传感器将脱离门区插板，电梯在开门状态下启动反向运行，使轿厢缓慢向下再平层，直至上再平层传感器回归至控制系统设定位置。如电梯轿厢位置出现下沉，则相反处置。

同时，安装于每一层井道内的门区插板的长度会适当加长，使之与门刀长度相匹配，当门刀接近脱离门锁滚轮时，上下门区光电随即脱离门区插板，向控制系统发出信号，轿厢离开本层开锁区域。此时控制系统的门电气安全装置的桥接或旁接式电路应立即失效，不再屏蔽门电气安全装置，如果此时层轿门仍处于开启状态，则电梯轿厢将不被允许进行移动。

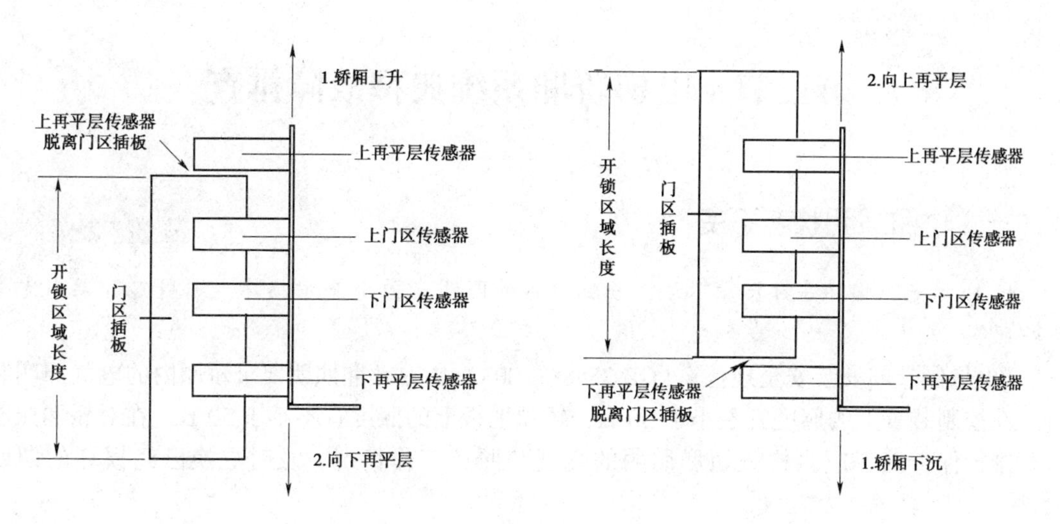


图 3－30　载荷下降轿厢位置上升和载荷增加轿厢位置下沉

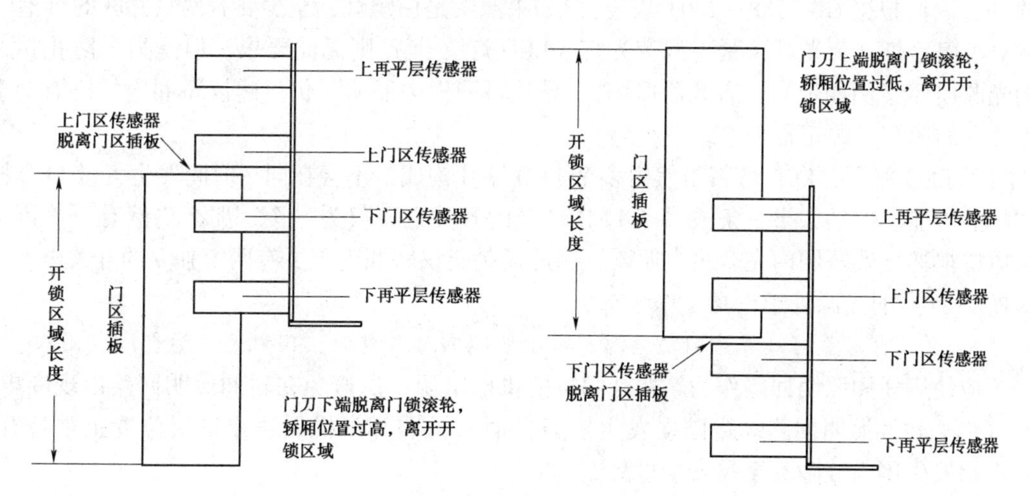


图 3－31　轿厢上升脱离开锁区域和轿厢下沉脱离开锁区域

# 第三节 电梯轿厢系统典型故障排查

## 一、轿厢照明状态不良

1. 照明光源损坏导致数量不足，一旦仅存的照明光源进一步损坏，则引起轿厢内完全失去照明

《电梯制造与安装安全规范》（GB 7588—2003）中对轿厢照明要求轿厢内的电气照明装置，在控制装置上的照度宜不小于 50 lx，轿厢地板上的照度宜不小于 50 lx。在对轿厢照明进行维护保养时，应当检查轿厢照明的亮度和照源工作情况，及时更换已经损坏的照明元件。

当使用白炽灯作为轿厢照明的照明光源时，由于白炽灯的使用寿命较短，一般不会超过 1 000 h，因而根据 GB 7588—2003 规定，“如果照明是白炽灯，至少要有两只并联的灯泡”。虽然对于卤素灯、荧光灯、紧凑型荧光灯、LED 灯（带）则无此要求，但是为了防止单一照明光源损坏（例如荧光灯启辉器损坏），导致轿厢失去照明，仍然建议轿厢内始终有两个以上独立的照明光源正常工作。

对于 LED 照源，LED 灯带虽然由多个 LED 贴片构成，不会在同一时间发生大量 LED 同时损坏的可能，但是如果一条或多条 LED 灯带的开关电源仅为一个，那么仍然有可能因为开关电源损坏导致轿厢内完全丧失照明，因此还是建议轿厢内至少有两组独立的开关电源和对应的 LED 照明光源处于正常工作状态。

2. 轿厢照明电源同时作为门机电源，轿厢照明回路断电时，门机无法运行造成困人

不应使用轿厢照明回路作为轿厢开门机的供电电源，以避免在轿厢照明回路出现断电、短路（例如轿厢照明回路线路破损发生短路）时，轿厢开门机无法在平层位置正常打开，导致电梯发生困人故障甚至是安全事故。

维护保养中，尤其是对于新投入使用的电梯，在测试应急照明工作状态时，应当同时注意观察开门机工作状态。在切断轿厢照明的情况下，开门机的开关门功能应当正常不受影响。

## 二、轿厢风扇状态不良

1. 风机未有效固定，引起运行时发生振颤，在轿厢内出现异常振动和噪声

2. 风机的叶轮（扇）出现破损，或叶轮轴承损坏，导致风机出风不稳定，且伴有异常噪声

在维护保养过程中，应当打开轿内风扇开关，确认风扇工作正常，送风顺畅，运行平稳，无异常噪声和振动。如发现其功能失效无法正常使用的，常见的如电机损坏、风叶断裂等，应立即更换。

3. 贯流风机发生喘振，引起风机运行出风量减小，同时伴有异常噪声

需要注意的是，贯流风机具有非常复杂的内部结构，尽管其叶轮周向是对称的，但气流流动却是非对称性的，所以其相对速度场与绝对速度场都不稳定，流动介质两次进入叶轮，

转子叶轮沿着周向流动情况不断改变。在叶轮圆周一边的内侧存在一个能够控制整个气流流动的旋涡，即所谓贯流风机的偏心涡。涡流中心在叶轮内周的某处，并随着节流情况的不同而沿着圆周方向移动，正是此偏心涡的存在引起贯流。在一定工况下，贯流风机在高转速时由于偏心涡的控制力增强，贯流风机内气体不能正常排出或吸入，引起风机运行噪声增大、振动加剧的异常状况，即所谓喘振现象。

贯流风机正常工作时，噪声相对较小。但当出现喘振现象时，贯流风机内部时而发出沉闷的嗡嗡声，时而发出尖锐的轰轰声，声音相对较大，同时整个贯流风机有明显振动现象。

对于使用贯流风机的电梯，当风机出现喘振现象时，建议对贯流风机进行更换。

## 三、轿厢应急照明状态不良

1. 应急照明电源损坏，无法提供电源

依据《电梯制造与安装安全规范》（GB 7588—2003）要求，紧急照明电源，在正常照明电源中断的情况下，应当至少具备供 1 W 灯泡用电 1 h 的能力。

目前常用的应急电源多为直流 12 V 的蓄电池，蓄电池的寿命是衡量蓄电池质量的重要参数，寿命长短受蓄电池的种类、放电深度、充电方式、环境温度、电池维护等因素的影响。蓄电池的寿命一般有循环寿命和涓流寿命之分。

循环寿命指蓄电池的充、放电循环寿命，充满电的蓄电池放电至临界电压后，再重新充满电算一次循环。一般来说，质量较好的小型铅酸蓄电池，其循环寿命不少于 200 次，在蓄电池制造商推荐的条件下使用，其循环寿命可达 400 次。中型蓄电池为小型蓄电池的 2 倍左右。

涓流寿命指蓄电池放电时，并不放电至临界电压，只释放出部分容量，然后再充电。涓流寿命受放电深度影响很大。一般来说，质量较好的小型铅酸蓄电池，在蓄电池制造商推荐的条件下使用，其涓流寿命为 600 ~ 1 000 次，中型蓄电池在 1 200 次以上。

不当的使用将使电池的寿命大大缩短。同一条件下，蓄电池释放的容量随温度升高而上升，但蓄电池长期工作在 40 ℃以上的环境中其寿命会大大缩短。电梯控制系统长期在缺乏有效降温措施的机房内运行，其夏季的高温工作环境（往往可以达到 45 ℃以上）会大幅度缩短蓄电池的使用寿命。因此在维护保养中，对于此类工作环境下的电梯，应当重视对其应急照明电源工作状态进行检查。

另外，由于维修保养工作需要长时间切断轿厢照明，或电梯长时间处于断电停止使用状态下，导致应急电源过度放电，极易影响电池的使用年限。突然的大电流放电、大电流充电、过量充电都会对蓄电池寿命产生不利影响。

2. 应急电源 220 V 输入（充电）接线错误，未与轿厢照明回路连接

如果应急电源输入端不与轿厢照明回路连接，例如直接与三相 380 V 主电源输出端中的某一相连接，当轿厢照明发生断电、跳闸等故障时，不能自动切断应急电源的输入电压（轿厢照明多取自主电源输入端某一相），无法使应急电源的照明输出端立即启动，为应急照明回路供电。在维护保养中，如果发现未切断轿厢照明空气开关的情况下，切断其他电气回路供电（如主开关等），会使轿厢应急照明自动起效，则应当检查应急照明输入端所连接的电气回路。

3. 应急照明光源照射区域调整不当，不能清晰地看清轿厢内的应急救援指示牌

为了有效延长轿厢应急照明的工作时间，常见的应急照明光源多为采用直流 6 V 或

12 V 供电的卤素灯及 LED 灯，其照明区域相对而言较为狭小，检查维护过程中，应当确认应急照明光源亮起时，是否能够使乘客看清轿厢内的应急救援指示信息。

在部分结构设计下，应急照明被集中在轿厢内吊顶（或轿顶）上，当轿厢吊顶安装方向不正确，或应急照明射灯的照射方向调整不当时，都有可能引起上述问题。如图 3－32 所示。

应急照明位置错误　　应急照明位置正常

图 3－32　应急照明位置

## 四、对接操作设置错误

1. *没有对接操作功能的电梯，在轿厢内设置检修及停止装置*

根据《电梯制造与安装安全规范》（GB 7588—2003）14. 2. 1 电梯运行控制中的相关要求，电梯的运行控制应分为正常运行控制、平层和再平层控制、检修运行控制、紧急电动运行控制和对接操作运行控制五类，其中除平层和再平层控制外，其他四类控制均应设置相对应的操作装置，其操作装置的对应位置如表 3－3 所示。

表 3－3　电梯运行控制类型及其操作装置的位置

| 控制类型 | 操作装置的位置 |
|---|---|
| 正常运行控制 | 层站外或轿厢内乘客可到达区域 |
| 检修运行控制 | 轿顶上 |
| 紧急电动运行控制 | 机房内（有机房）、层站外（无机房） |
| 对接操作运行控制 | 轿厢内 |

另外，根据 GB7588—2003 14. 2. 2 停止装置中的描述，“除对接操作外，轿厢内不应设置停止装置”。因此，对于没有对接操作功能的电梯，轿内不应设置类似检修操作装置（或对接操作运行控制装置）及其停止装置，以防止乘客在轿厢内错误触发检修操作装置，控

制电梯并检修运行至开门区域以外位置，容易诱发乘客自行扒开轿门，从轿厢内坠入井道造成安全事故。

需要注意的是，对于在 2003 年之前设计制造并投入运行的电梯，应当尤为注意检查其轿厢内是否安装任何形式的检修操作装置及其停止装置，如该电梯设计中不具备对接操作功能，则轿厢内也不应当存在对接操作装置及其停止装置。

如果轿厢内存在不应设置的对接操作装置、检修操作装置和停止装置，应注意根据制造单位设计文件，拆除检修和急停装置的电气线路，并将检修和急停装置的按钮彻底拆除，不应仅拆除其电气线路而继续保留控制按钮，以防止其他作业人员在后续维修保养过程中，错误使用功能已经失效的检修控制装置或停止装置，引发安全事故。

2. 元器件损坏或线路故障，导致对接操作运行控制装置及其急停功能失效

根据制造单位设计文件，检查电气功能失效的原因，更换相关损坏的元器件（如按钮、电源等），修复发生短路或断路的电气线路，此处不做赘述。

## 五、轿厢内报警装置状态不良

1. 轿内报警装置外观破损或标示不清，乘客无法有效识别其功能

《电梯制造与安装安全规范》（GB 7588—2003）15.2.3 中，明确要求报警装置开关应为黄色，并标以铃形符号加以识别。如图 3－33 所示。电梯在长期使用过程中，有可能由于磨损等情况，导致开关（按钮）的颜色脱落、铃形符号模糊不清，应当及时对外观磨损的轿内报警装置开关（按钮）及其字符进行更换。

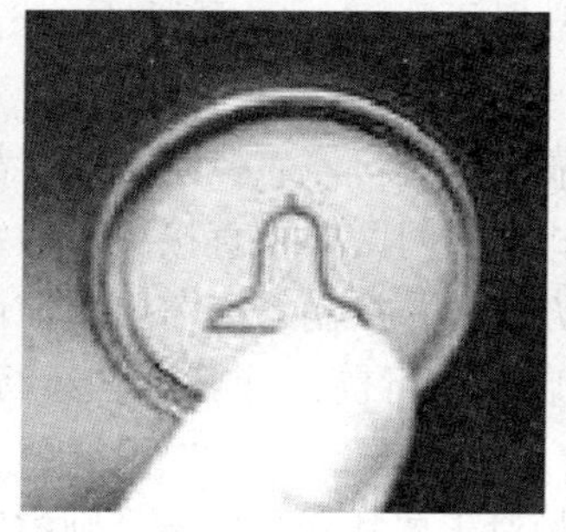

图 3－33　轿厢内报警装置开关（按钮）

2. 轿厢内报警装置按钮损坏，其线路故障或设置不当，导致报警功能失效

3. 轿厢内报警装置警铃（蜂鸣器）损坏，其线路故障或设置不当，导致没有报警铃声或铃声过小，不能在井道外明显识别

按下报警按钮后，应发出明显的声音报警，且能够使层站外人员明显识别电梯的报警信号。如报警装置的功能不正常，应根据制造单位设计文件，检查电气功能失效的原因，更换相关损坏的元器件（如按钮、电源等），修复发生短路或断路的电气线路，此处不做赘述。

4. 应急电源老化损坏，导致断电情况下紧急报警装置无法启动

与应急照明采用同一紧急电源或类似等效电源，其失效解析详见“轿厢应急照明状态不良”中失效模式解析一。

## 六、轿厢内对讲装置状态不良

1. 轿厢内对讲系统扬声器、听筒损坏，其线路故障或设置不当，导致对讲语音不清晰或无法通话

用轿厢内对讲系统能够与电梯管理值班室之间正常通信，语音清晰无明显干扰。如对讲系统功能不正常，应根据制造单位设计文件，检查电气功能失效的原因，更换相关损坏的元器件（如按钮、电源等），修复发生短路或断路的电气线路，此处不做赘述。

2. 采用电话与公用电话网连接进行通话作为对讲系统时，具体操作方法未能明确地在轿厢内进行张贴

对于轿厢内采用电话与公用电话网连接进行通话作为对讲系统的，依据《电梯制造与安装安全规范》（GB 7588—2003）15.2.4 要求，“若使用方法并非简单明了的，则应设有使用说明”。应确认轿厢内张贴有关使用方法，其外观整洁、无污损，内容正确无误，乘客可以依据其叙述的操作方法进行报警通话。

3. 应急电源老化损坏，导致断电情况下对讲系统无法启动

与应急照明采用同一紧急电源或类似等效电源，其失效解析详见“轿厢应急照明状态不良”中失效模式解析一。

## 七、平层故障

1. 平层准确度不良

(1) 个别楼层门区插板位置不准确，导致轿厢在这些楼层平层准确度不佳，超出 ±10 mm 范围

不论控制系统采用直接停靠还是爬行停靠控制方式，都需要各层站井道内的门区插板作为位置标的。爬行停靠控制方式下，门区插板直接决定触发停止运行信号时电梯轿厢所处的实际位置。而在直接停靠控制方式下，控制系统需要提前记录各层站门区插板在井道内所处的位置脉冲数据，以便在电梯启动运行前，计算本次运行的速度曲线，并决定各个加、减速点。

如果门区插板的实际位置相对于层站存在偏差，则控制系统会按照门区插板所处实际位置控制电梯轿厢进行平层停靠，就会导致平层准确度不佳。需注意的是，对于采用速度闭环控制的控制系统，在重新进行门区插板位置调整后，应对控制系统内井道信息重新进行设定，或重新进行井道自学习，以便控制系统记录正确的门区插板位置脉冲数据，作为控制系统计算每次运行行程和速度曲线的依据。

在电梯运行中，用测速传感器对电机运行转速进行监测跟踪，并依据测速传感器反馈的电机实际转速，对电梯运行速度进行实时调控的控制方式，称为速度闭环控制。

(2) 控制系统内平层延迟参数设置不良，导致轿厢在所有楼层均出现上行平层准确度不佳或下行平层准确度不佳，且各楼层平层状态均为超出（或不足）

控制系统在平层停靠时，往往会在接收到门区信号后，延迟等待一定的时间或位置脉冲数，再给出停止运行指令。

不论电梯采用直接停靠还是爬行停靠控制方式进行平层，当门区传感器进入门区插板

时，会立即向控制系统输出门区信号，如果控制系统在此时立即给出停止运行指令，由于电梯轿厢的位置实际上还没有到达平层位置，会引起平层准确度不佳；另外，当控制系统给出停止运行信号时，由于机械系统的响应需要一定时间，如制动器、主接触器等，导致电梯轿厢并不会在此时立即停止运动，也会使实际平层位置变得不可确定。

平层延迟参数可以是延迟时间（对于爬行停靠方式），也可以是延迟位置脉冲数（对于直接停靠方式），在现场调试过程中需要对平层延迟参数进行调校，使控制系统停止运行指令给出的时机与电梯机械系统特性相互匹配，得到最佳的平层准确度。

如果平层延迟参数设置不佳，就有可能导致轿厢在所有楼层均出现上行平层准确度不佳或下行平层准确度不佳的情况，而且各楼层平层准确度不佳的状态均一致表现为超出或不足。

2. 平层保持精度不良

（1）提升高度较大的电梯，由于没有配置再平层功能或再平层功能失效，导致平层保持精度不良

根据制造单位设计文件，检查电气功能失效的原因，更换相关损坏的元器件（如再平层感应器等），或对控制系统内的平层控制参数重新进行调试，此处不做赘述。

（2）电梯的曳引能力或制动能力不足，引起电梯平层保持精度不佳，超出 ±20 mm 范围

对于平层保持精度的检查中，需要尤为注意的是，由于电梯的曳引能力或制动能力不足，导致轿厢在满载状态下，不能停止在平层位置，这种情况下，极易在电梯实际使用过程中导致电梯在开门状态下产生轿厢以外移动，引起乘客伤亡。

在进行平层保持精度检查测试过程中，如发现有可能存在曳引能力或制动能力不足，引起平层保持精度超标的，应重新进行测试，并在测试中对曳引钢丝绳与曳引轮、制动鼓与制动衬相对位置进行标识，以帮助确认是何种原因引起平层保持精度不良，在检查确认曳引系统及其制动器性能正常的情况下，应当进一步对电梯的平衡系数进行测试。对于曳引钢丝绳、曳引轮、制动器或平衡系数存在问题的，应及时予以调整或更换，具体检查维护要求，详见各相关章节。

# 电梯井道系统结构及典型故障排查

## 第一节 电梯导向系统结构

导向系统在电梯运行过程中，限制轿厢和对重的活动自由度，使轿厢和对重只沿着各自的导轨做升降运动，不会发生横向的摆动和振动，保证轿厢和对重运行平稳不偏摆。电梯的导向系统包括轿厢导向和对重导向两个部分。

不论轿厢导向还是对重导向均由导轨、导靴和导轨支架组成，如图4-1和图4-2所示。

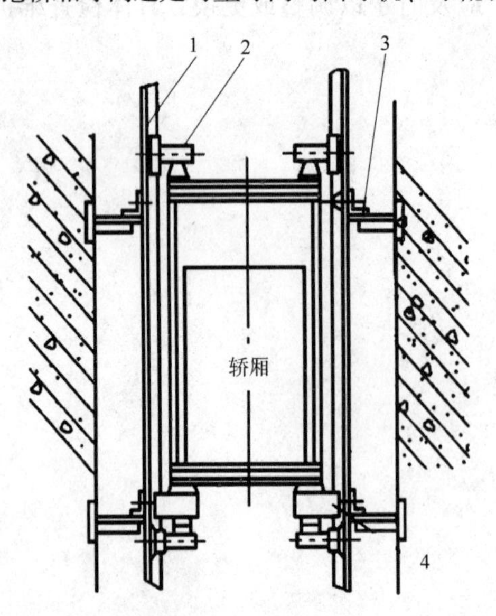


图4-1 轿厢导向系统

1—导轨；2—导靴；3—导轨支架；4—安全钳

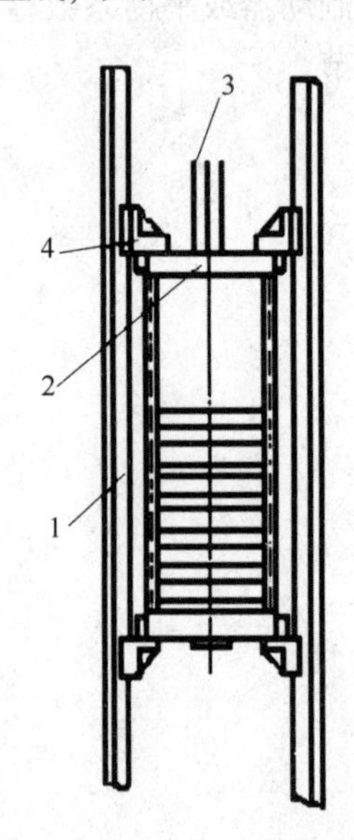


图4-2 对重导向系统

1—导轨；2—对重；3—曳引绳；4—导靴

轿厢以两根（至少）导轨和对重导轨限定了轿厢与对重在井道中的相互位置；导轨支架作为导轨的支撑件，被固定在井道壁上；导靴安装在轿厢和对重架的两侧（轿厢和对重各自装有至少四个导靴），导靴的靴衬（或滚轮）与导轨工作面配合，使一部电梯在曳引绳的牵引下，一边为轿厢，另一边为对重，分别沿着各自的导轨做上、下运行。

## 一、导轨

1. 导轨的作用

①导轨是轿厢和对重在竖直方向运动时的导向，限制轿厢和对重的活动自由度（轿厢运动导向和对重运动的导向使用各自的导轨，通常轿厢用导轨要稍大于对重用导轨）。

②当安全钳动作时，导轨作为固定在井道内被夹持的支承件，承受着轿厢或对重产生的强烈制动力，使轿厢或对重制停可靠。

③导轨可防止由于轿厢的偏载而产生歪斜，保证轿厢运行平稳并减少振动。

2. 导轨的种类和标识

（1）导轨的横截面（断面）形状

一般钢质导轨常采用机械加工或冷轧加工方式制作，其常见的导轨横截面形状如图 4 – 3 所示。

电梯中大量使用“T”型导轨（图 4 – 3 中 a），但对于货梯对重导轨和额定速度为 1 m/s 以下的客梯对重导轨，一般多采用“L”型（图 4 – 3 中 b）导轨。

图 4 – 3 中的 c、d、e 常用于速度低于 0.63 m/s 的电梯，导轨表面一般不做机械加工。

图 4 – 3 中的 f、g 为冷轧成型的导轨。

（2）导轨的标识

“T”型导轨是电梯常见的专用导轨，具有良好的抗弯性能及加工性能。“T”型导轨的主要参数是底宽 $b$、高度 $h$ 和工作面厚度 $k$，如图 4 – 4 所示。我国原先用 $b \times k$ 作为导轨规格标识，现已推广使用国际标准“T”型导轨，共有十三个规格，以底面宽度和工作面加工方法作为规格标志。

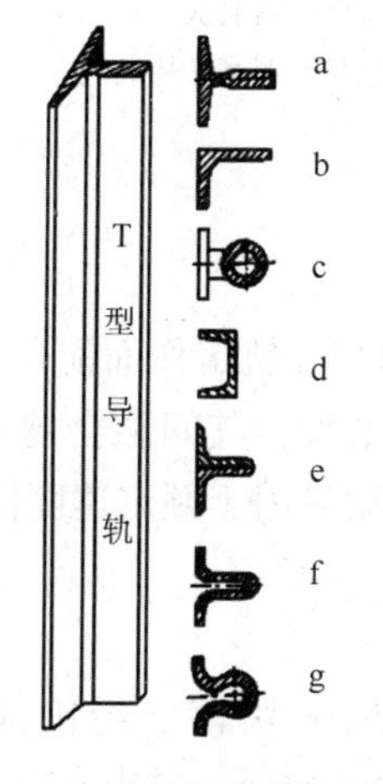


图 4 – 3　导轨及横截面形状

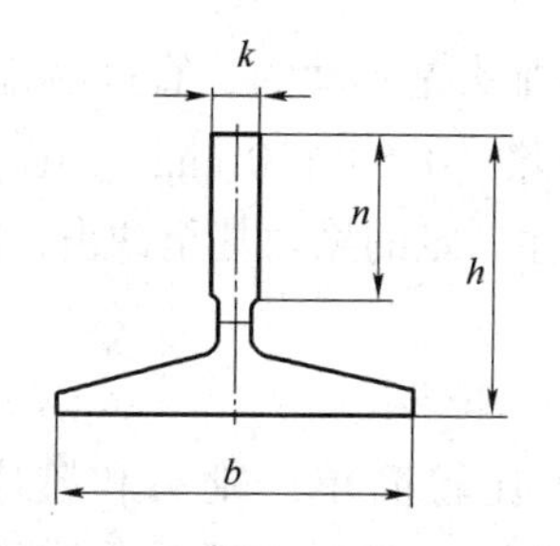


图 4 – 4　“T”型导轨横截面图

有的国家（如日本）是以导轨最终加工后每一米长度重多少千克作为规格区分，如8 kg、13 kg导轨等。

## 二、导靴

1. 导靴概述

（1）功能

导靴是为了防止对重和轿厢在上下运行时发生偏斜，保证电梯平稳运行的装置。工作时导靴的凹形槽（或滚轮）与导轨的凸形工作面配合，使轿厢和对重装置仅沿着导轨上下运动，防止轿厢和对重装置运行过程中偏斜或摆动。

（2）位置

导靴分别装在轿厢和对重装置上。轿厢导靴安装在轿厢上梁和轿厢底部安全钳座（嘴）的下面，共四个，如图4-1所示。对重导靴安装在对重架的上部和底部，共四个，如图4-2所示。根据导靴在导轨上运动方式的不同，导靴分为滑动导靴和滚动导靴两类。运行中导靴与导轨均为接触状态。目前有些电梯正在尝试使用非接触导靴，如采用磁悬浮技术等，使导靴和导轨之间保持一个距离，适用于超高速电梯。

（3）组成

滑动导靴一般是由带凹形槽的靴头、靴体和靴座组成，在靴头凹槽中一般均镶有耐磨的靴衬。靴头可以是固定的，也可以活动（浮动）的。滚动导靴则用三个滚轮沿导轨滚动运行。

2. 导靴的种类（如图4-5所示）

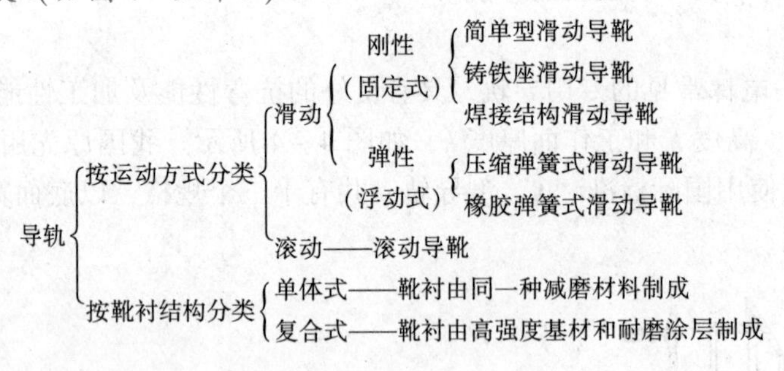


图4-5　导靴的种类

3. 刚性（固定式）滑动导靴

固定式导靴的靴头是不动的，直接由靴头中的凹形槽与导轨工作面配合，三个配合的面需保留一定量的间隙（0.5~1.0 mm）。随着运行时间的增长，其间隙会越来越大，这样轿厢在运行中就会产生一定的晃动甚至冲击，因此固定式导靴只用于额定速度低于0.63 m/s的轿厢或对重。

（1）简单型滑动导靴

这种导靴结构比较简单，靴头和靴座制成一体，用一块铸铁经刨削加工而成，如图4-6和图4-7所示。这种导靴靴头的凹形槽与导轨的接触面，要求有较高的加工精度和表面粗糙度，并需定期涂抹适量润滑油脂，以提高其润滑能力。

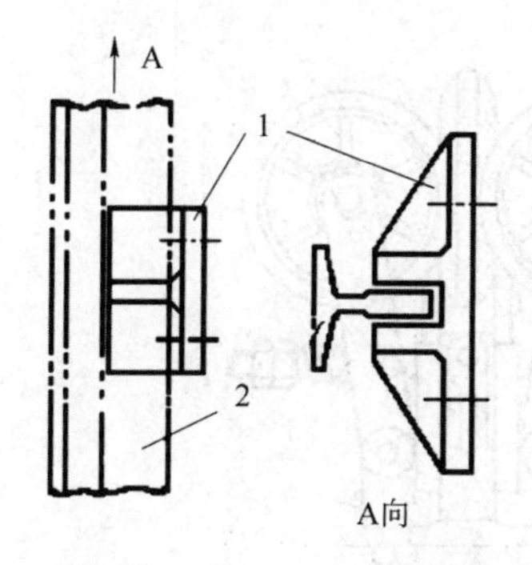


图4－6 简单型无靴衬导靴

1—导靴；2—导轨

图4－7 简单型滑动导靴外观

(2) 有靴衬的简单型滑动导靴

这种导靴总体构造与上一种相同，但在靴头的凹形槽内镶嵌有减磨材料如尼龙等制成靴衬，必要时可仅更换靴衬，如图4－8所示。

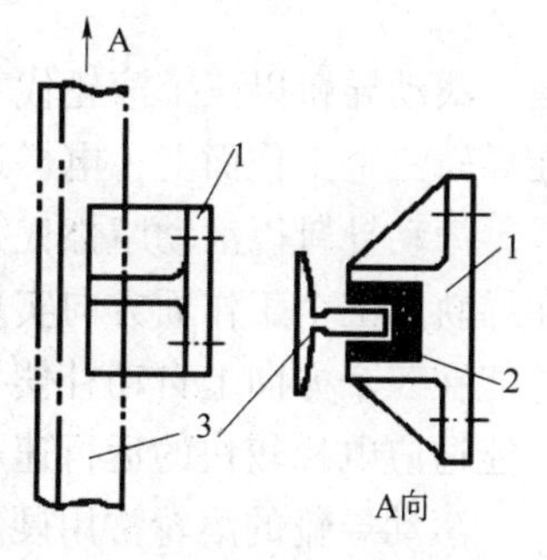


图4－8 简单型有靴衬导靴

1—导靴；2—尼龙靴衬；3—导轨

4. 弹性（浮动式）滑动导靴

弹性滑动导靴，由靴座、靴头、靴衬、靴轴、压缩弹簧或橡胶弹簧、调节套或调节螺母等组成，分为压缩弹簧式滑动导靴和橡胶弹簧式滑动导靴，如图4－9和图4－10所示。

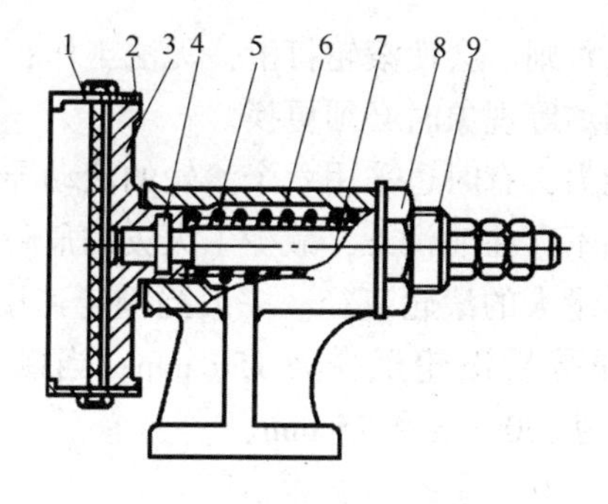


图4－9 压缩弹簧式滑动导靴

1—靴衬；2—座盖；3—靴头；4—销；5—弹簧；6—靴座；7—靴轴；8—六角扁螺母；9—调节套筒

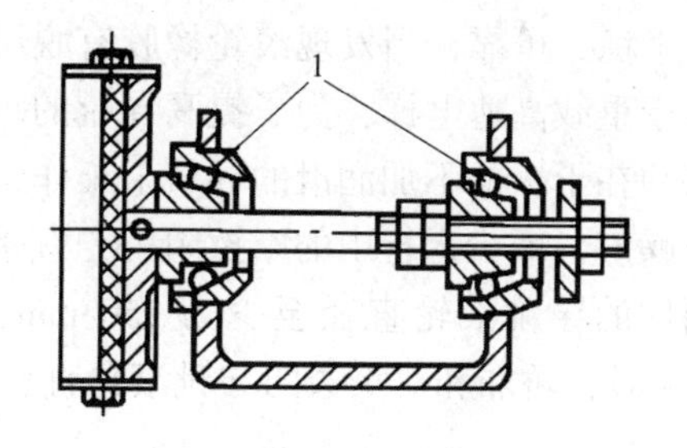


图4－10 橡胶弹簧式滑动导靴

1—橡胶弹簧

5. 滚动导靴

刚性滑动导靴和弹性滑动导靴的靴衬无论是铸铁的或尼龙等高分子耐磨材料的，在电梯运行过程中，靴衬与导轨之间总有摩擦力存在，间隙只会因磨损逐渐变大。这个现象不但增加曳引机的负荷，而且是轿厢运行时引起振动和噪声的原因之一。为了减少导靴与导轨之间的摩擦力，节省能量，提高乘坐舒适感，在运行速度大于2.0 m/s的高速电梯中，常采用滚动导靴。

滚动导靴由滚轮、弹簧、靴座、摇臂等组成，如图4－11所示。

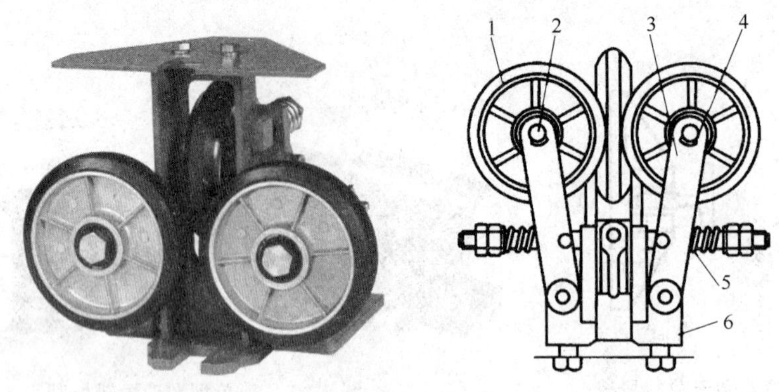


图4－11 滚动导靴

1—滚轮；2—轮轴；3—轮臂；4—轴承；5—弹簧；6—靴座

滚动导靴以三个滚轮代替了滑动导靴的三个工作面，三个滚轮在弹簧力的作用下，压贴在导轨三个工作面上，电梯运行时，滚轮在导轨面上滚动。

滚动导靴以滚动摩擦代替了滑动摩擦，大大减少了摩擦损耗，减少了能量损耗；同时还在导轨的三个工作面方向实现了弹性支承，从而对导轨顶面和侧面都具有良好的缓冲作用，并能在三个方向上自动补偿导轨的各种几何形状误差及安装偏差。滚动导靴的这些优点，使它能适应电梯较快的运行速度，所以在高速电梯上得到广泛应用。

滚动导靴的滚轮常用硬质橡胶或聚氨酯材料制成，为了提高与导轨的摩擦力和减少噪声，在轮圈上制出花纹。滚轮对导轨的压力，其意义与滑动导靴相同，初压力的大小可以通过调节弹簧的被压缩量加以调整。

滚动导靴不允许在导轨工作面上加润滑油，否则，会使滚轮打滑，无法工作；轮转动应灵活、平稳、可靠，当发现滚轮橡胶有脱层、剥离等现象时必须更换。

对于重载高速电梯，为了提高导靴的承载能力，有时也采用六个滚轮的滚动导靴。滚动导靴必须在干燥的不加润滑的导轨上工作，因此不存在油污染，减少了火灾的危险。为了降低运行噪声，减少运行中的摩擦阻力，宜采用尽量大的滚轮直径。一般当额定速度为5 m/s时，轿厢的导靴滚轮直径至少为250 mm，对重导靴滚轮至少为150 mm；当额定速度为2.5 m/s时，轿厢和对重边的导靴滚轮直径至少为150 mm和75 mm。

## 三、导轨支架

电梯导轨支架是用作支撑和固定导轨用的构件，被安装在井道壁或横梁上。它固定了导轨的空间位置，并承受来自导轨的各种动作。

1. 导轨支架的种类（如表4－1所示）

表4－1 导轨支架的种类

| 分类方法 | 结构形式 |
|---|---|
| 按用途分类 | 轿厢导轨支架 |
|  | 对重导轨支架 |
|  | 轿厢和对重共用导轨支架 |

续表

| 分类方法 | 结构形式 |
|---|---|
| 按结构分类 | 整体式导轨支架 |
| | 组合式导轨支架 |
| 按形状分类 | 山形导轨支架 |
| | 角形导轨支架 |
| | 框形导轨支架 |

2. 导轨支架的固定

每根导轨至少应有两个导轨支架，其间距应为导轨端面间距加上2倍的导轨高度和2倍的3~5 mm的调整间隙。两个导轨支架间距应以1.5~2.0 m为宜，不应大于2.5 m。导轨支架与导轨连接板的距离应大于2.5 mm，一般以不影响安装为宜，导轨支架应与井道壁墙体固定可靠连接。

①预埋钢板。此方法适应于钢筋混凝土井道，安全方便，坚固可靠。其方法是用16~20 mm厚的钢板预埋进井道壁墙体上，钢板的背面焊上钢筋与骨架钢筋焊牢，安装时直接将导轨支架焊到钢板上。

②直埋。根据铅垂线将导轨架定位，把导轨支架的燕尾部直接埋入预留孔或现凿好的孔洞中，埋入深度应不小于120 mm。

③预埋地脚螺栓。

④共用导轨支架。

⑤对穿螺栓固定。

⑥预埋钢铁弯钩。

【标准对接】　（如表4-2所示）

表4-2　导轨的相关标准

| 标准名称 | 部件名称 | 标准规定 |
|---|---|---|
| 《电梯制造与安装安全规范》（GB 7588—2003） | 导轨 | 10.1.1　导轨及其附件和接头应能承受施加的载荷，以保证电梯安全运行。<br>电梯安全运行与导轨有关的部分为：<br>a）应保证轿厢与对重（或平衡重）的导向；<br>b）导轨变形应限制在一定范围内，由此：<br>1）不应出现门的意外开锁；<br>2）安全装置的动作应不受影响；<br>3）移动部件应不会与其他部件碰撞。<br>10.1.2.2　“T”型导轨的最大计算允许变形：<br>a）对于装有安全钳的轿厢、对重（或平衡重）导轨，安全钳动作时，在两个方向上为5 mm；<br>b）对于没有安全钳的对重（或平衡重）导轨，在两个方向上为10 mm。<br>10.1.3　导轨与导轨支架在建筑物上的固定，应能自动地或采用简单调节方法，对因建筑物的正常沉降和混凝土收缩的影响予以补偿。<br>应防止因导轨附件的转动造成导轨的松动。<br>10.2　轿厢、对重（或平衡重）的导向<br>10.2.1　轿厢、对重（或平衡重）各自应至少由两根刚性的钢质导轨导向。 |

续表

| 标准名称 | 部件名称 | 标准规定 |
| --- | --- | --- |
| 《电梯制造与安装安全规范》(GB 7588—2003) | 导轨 | 10.2.2　在下列情况下，导轨应用冷拉钢材制成，或摩擦表面采用机械加工方法制作：<br>a）额定速度大于0.4 m/s；<br>b）采用渐进式安全钳时，不论电梯速度如何。<br>10.2.3　对于没有安全钳的对重（或平衡重）导轨，可使用成型金属板材，它们应作防腐蚀保护。 |
| 《电梯安装验收规范》(GB/T 10060—2011) | 导轨 | 5.2.5.1　轿厢、对重（或平衡重）各自应至少由两根刚性的钢质导轨导向。对于未装设安全钳的对重（或平衡重）导轨，可以使用板材成型的空心导轨。<br>5.2.5.2　每根导轨宜至少设置两个导轨支架，支架间距不宜大于2.5m。当不能满足此要求时，应有措施保证导轨安装满足GB 7588—2003中10.1.2规定的许用应力和变形要求。<br>对于安装于井道上、下端部的非标准长度导轨，其导轨支架数量应满足设计要求。<br>5.2.5.3　固定导轨支架的预埋件，直接埋入墙的深度不宜小于120 mm。采用建筑锚栓安装的导轨支架，只能用于具有足够强度的混凝土井道构件上，建筑锚栓的安装应垂直于墙面。采用焊接方式连接的导轨支架，其焊接应牢固，焊缝无明显缺陷。<br>5.2.5.4　当轿厢压在完全压缩的缓冲器上时，对重导轨长度应能提供不小于$0.1+0.035v^2$（m）的进一步制导行程。<br>当对重压在完全压缩的缓冲器上时，轿厢导轨长度应能提供不小于$0.1+0.035v^2$（m）的进一步的制导行程。<br>5.2.5.5　每列导轨工作面（包括侧面与顶面）相对安装基准线每5 m长度内的偏差均不应大于下列数值：<br>a）轿厢导轨和装设有安全钳的对重导轨为0.6 mm；<br>b）不设安全钳的T型对重导轨为1.0 mm。<br>对于铅垂导轨的电梯，电梯安装完成后检验导轨时，可对每5 m长度相对铅垂线分段连续检测（至少测3次），取测量值间的相对最大偏差，其值不应大于上述规定值的2倍。<br>5.2.5.6　轿厢导轨和设有安全钳的对重导轨，工作面接头处不应有连续缝隙，局部缝隙不应大于0.5 mm；工作面接头处台阶用直线度为0.01/300的平直尺或其他工具测量，不应大于0.05 mm。<br>不设安全钳的对重导轨工作面接头处缝隙不应大于1.0 mm，工作面接头处台阶不应大于0.15 mm。<br>5.2.5.7　两列导轨顶面间距离的允许偏差为：<br>a）轿厢导轨为：0～2 mm；<br>b）对重导轨为：0～3 mm。<br>5.2.5.8　导轨应用导轨压板固定在导轨支架上，不应采用焊接或螺栓方式与支架连接。<br>5.2.5.9　设有安全钳的对重导轨和轿厢导轨，除悬挂安装者外，其下端的导轨座应支撑在坚固的地面上。 |
| 《电梯监督检验和定期检验规则——曳引与强制驱动电梯》(TSG T7001—2009) | 导轨 | （1）每根导轨应当至少有2个导轨支架，其间距一般不大于2.50 m（如果间距大于2.50 m应当有计算依据），端部短导轨的支架数量应当满足设计要求；<br>（2）支架应当安装牢固，焊接支架的焊缝满足设计要求，锚栓（如膨胀螺栓）固定只能在井道壁的混凝土构件上使用；<br>（3）每列导轨工作面每5 m铅垂线测量值间的相对最大偏差，轿厢导轨和设有安全钳的T型对重导轨不大于1.2 mm，不设安全钳的T型对重导轨不大于2.0 mm；<br>（4）两列导轨顶面的距离偏差，轿厢导轨为0～2 mm，对重导轨为0～3 mm。 |

# 第二节　电梯重量平衡系统结构

重量平衡系统的作用是使对重与轿厢能达到相对平衡，在电梯运行中即使载重量不断变化，仍能使两者间的重量差保持在较小限额之内，保证电梯的曳引传动平稳、正常。重量平衡系统一般由对重装置和重量补偿装置两部分组成，如图 4－12 所示。

对重（又称平衡重）相对于轿厢悬挂在曳引绳的另一侧，起到相对平衡轿厢的作用，并使轿厢与对重的重量通过曳引钢丝绳作用于曳引轮，保证足够的驱动力。由于轿厢的载重量是变化的，因此不可能做到两侧的重量始终相等并处于完全平衡状态。一般情况下，只有轿厢的载重量达到 50% 的额定载重量时，对重一侧和轿厢一侧才处于完全平衡，这时的载重量称电梯的平衡点，此时由于曳引绳两端的静载荷相等，使电梯处于最佳的工作状态。但是在电梯运行中的大多数情况下，曳引绳两端的载荷是不相等且是变化的，因此对重的作用只能使两侧的载荷之差处于一个较小的范围内变化。

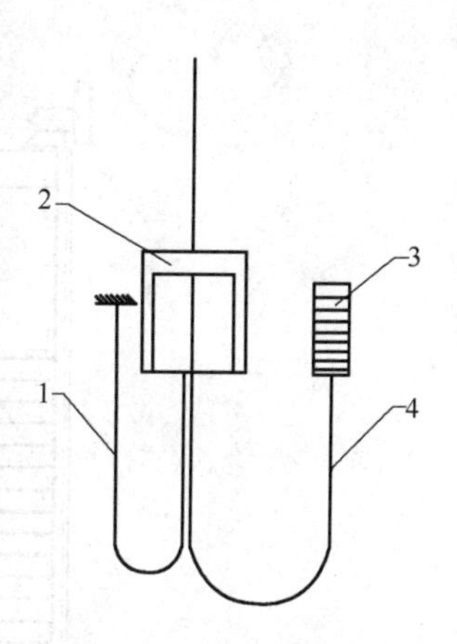

图 4－12　重量平衡系统
1—随行电缆；2—轿厢；
3—对重；4—重量补偿装置

另外，在电梯运行过程中，当轿厢位于最低层、对重升至最高时，曳引绳长度基本都转移到轿厢一侧，曳引绳的自重大部分也集中在轿厢一侧，相反当轿厢位于顶层时，曳引绳长度及自重大部分转移到对重一侧，加之电梯随行控制电缆一端固定在井道高度的中部，另一端悬挂在轿厢底部，其长度和自重也随电梯运行而发生转移，上述因素都给轿厢和对重的平衡带来影响。尤其当电梯的提升高度超过 30 m 时，两侧的平衡变化就变得不容忽视了，因而必须增设重量补偿装置来控制其变化。

重量补偿装置是悬挂在轿厢和对重的底面的补偿链条、补偿绳等。在电梯运行时，其长度的变化正好与曳引绳长度变化趋势相反：当轿厢位于最高层时，曳引绳大部分位于对重侧，而补偿链（绳）大部分位于轿厢侧；当轿厢位于最低层时，情况与上述正好相反。这样轿厢一侧和对重一侧就有了补偿的平衡作用。例如 60 m 高建筑物内使用的电梯，使用 6 根 $\phi$13 mm 的钢丝绳，其中不可忽视的是绳的总重约 360 kg，随着轿厢和对重位置的变化，这个重量将不断地在曳引轮的两侧变化，其对电梯安全运行的影响是相当大的。

## 一、对重装置

### 1. 对重装置的作用

①对重装置可以相对平衡轿厢和部分电梯载荷重量，减少曳引机功率的损耗；当轿厢负载与对重较匹配时，还可以减小钢丝绳与绳轮之间的曳引力，延长钢丝绳的寿命。

②对重的存在保证了曳引绳与曳引轮槽的压力，保证了曳引力的产生。

③由于曳引式电梯有对重装置，如果轿厢或对重撞在缓冲器上后，曳引绳对曳引轮的压力消失，电梯失去曳引条件，避免了冲顶事故的发生。

④由于曳引式电梯设置了对重，使电梯的提升高度不同于强制式驱动电梯那样受到卷筒尺寸的限制和速度不稳定，因而提升高度也大大提高。

2. 对重装置的种类及其结构

对重装置一般分为无反绳轮式（曳引比为1:1的电梯）和有反绳轮式（曳引比非1:1的电梯）两类。不论有反绳轮式还是无反绳轮式的对重装置，其结构组成是基本相同的。对重装置一般由对重架、对重块、导靴、缓冲器碰块、压块以及与轿厢相连的曳引绳和反绳轮组成，各部件安装位置示意如图4－13所示。

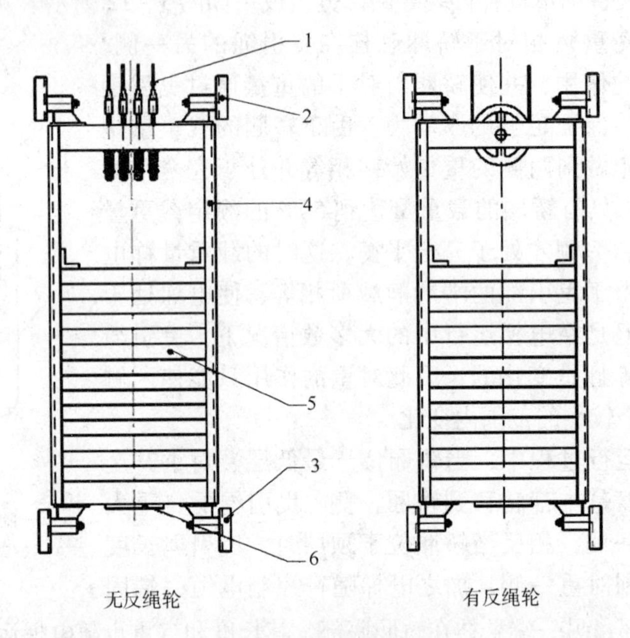


图4－13　对重装置

1—曳引绳；2、3—导靴；4—对重架；5—对重块；6—缓冲器碰块

对重架多是用槽钢等制成，其高度一般不宜超出轿厢高度。对重块由铸铁制造（也有部分电梯采用加重混凝土对重块），如图4－14所示。安装在对重架上后，要用压板压紧，以防运行中移位和振动并产生噪声。

图4－14　对重块

常见的对重块（陀块）规格如表4－3所示。

表 4-3　常用对重架、对重块（砣块）规格

| 项　目 | 规　格　尺　寸 | | | | |
|---|---|---|---|---|---|
| 对重块长度/mm | 500 | 760 | 760 | 910 | 1 105 |
| 对重块宽度/mm | 110 | 200 | 250 | 300 | 400 |
| 对重块厚度/mm | 75 | 75 | 75 | 75 | 40 |
| 对重块重量/kg | 27 | 71 | 87 | 125 | 149 |
| 对重架槽钢型号 | 8 | 14 | 14 | 18 | 22 |

注：对重块还有以重量为规格的，一般有 50 kg、75 kg、100 kg、125 kg 等几种，分别适用于 1 000 kg、2 000 kg、3 000 kg、5 000 kg 载重量的电梯。

## 二、对重重量计算

对重的重量值计算公式：

$$P = G + kQ$$

式中：$P$——对重的总重量（kg）；

$G$——轿厢自重（kg）；

$k$——平衡系数，$k = 0.45 \sim 0.55$；

$Q$——电梯的额定载重（kg）。

平衡系数 $k$ 取值原则：

①使对重侧重量等于轿厢的重量，电梯只需克服摩擦力便可运行。

②轻载电梯平衡系数应取下限；重载工况时取上限。

③客梯平衡系数常取 0.5 以下，货梯常取 0.5 以上。

## 三、重量补偿装置

电梯运行过程轿厢和对重的相对位置不断变化会造成曳引轮两侧钢丝绳自重差异，尤其是提升高度较高的情况下，钢丝绳自重对曳引力和曳引机输出转矩的影响将会很大。为了消除这种影响，一般在提升高度较高的情况下（通常大于 30 m 时）加装补偿装置。设置补偿装置实际就是使电梯无论在什么位置，钢丝绳自身的重量都不会对曳引力产生影响，也不会对电动机的输出转矩提出更高的要求。

1. 重量补偿装置的种类

（1）补偿链

这种补偿装置以铁链为主体。为了减少电梯运行中铁链链环之间的碰撞噪声，常用麻绳穿在铁链环中或包裹护套，如图 4-15 所示。由于麻绳在受潮后会收缩变形影响链节之间的活动，同时还会造成补偿链的长度有较大变化，目前已较少使用。补偿链在电梯中通常采用一端悬挂在轿厢下面，另一端挂在对重装置的下部。这种补偿装置的特点是结构简单，成本较低，但不适用于梯速超过 1.75 m/s 的电梯使用。

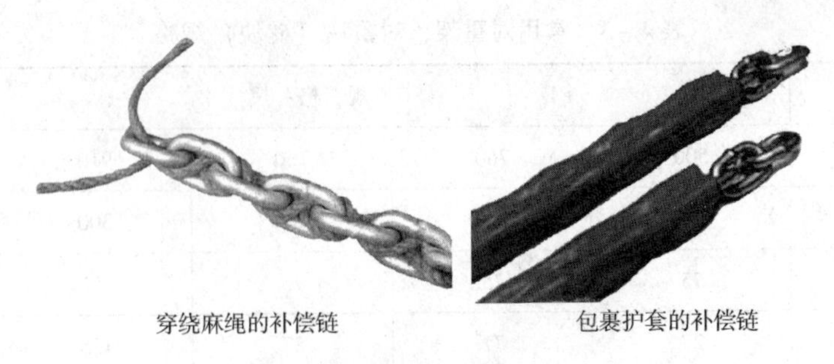


图 4 - 15　补偿链

（2）补偿绳

速度较高的电梯在运行时产生的振动、气流都较强，会导致补偿链摇摆，一旦钩刮到井道其他部件上，可能造成危险。因此速度较高的电梯一般使用补偿绳。补偿绳也是一种钢丝绳，由于捻制的原因，钢丝绳在自然下垂时无法依靠自身重量张紧，因此使用补偿绳时为了防止补偿绳晃动引起危险，必须同时使用张紧轮。在使用张紧轮时，由于张紧轮必须具有较大的重量以使得补偿绳能够保持张紧，因此考虑到补偿绳在张紧力的作用下也会导致疲劳失效，要求张紧轮的最小直径与补偿绳的公称直径之比不小于 30。同时，由于张紧轮设置在底坑中，随电梯运行张紧轮也随之转动，此时如果底坑内有检修人员，张紧轮可能伤害到检修人员，因此，要求设置防护装置。此外，为避免张紧失效，补偿绳必须采用重力张紧，也就是说应依靠张紧轮的重力来张紧，而不能通过在张紧轮上施加其他的力（如弹簧、磁力等提供的张紧力）。与曳引钢丝绳一样，补偿绳也会在张紧力的作用下伸长，为避免补偿绳由于过度伸长导致张紧轮碰到底坑地面导致的张紧失效，必须使用一个电气开关来检查张紧轮的最下端位置。在补偿绳伸长导致张紧轮下沉时，一旦超出预定位置，此开关动作，电梯运行停止。补偿绳和张紧装置结构如图 4 - 16 所示。

（3）补偿缆

补偿缆是一种新型的高密度的补偿装置，其结构如图 4 - 17 所示。补偿缆中间为低碳钢制成的环链，在链环周围装填金属颗粒以及聚乙烯等高分子材料的混合物，最外侧制成圆形塑料保护链套，要求链套具有防火、防氧化、耐磨性能较好的特点。这种补偿缆质量密度较高，最重的每米可达 6 kg，最大悬挂长度可达 200 m，运行噪声小，可适用各种中、高速电梯的补偿装置。

当电梯速度较高时，如果在运行过程中出现紧急制动，可能出现张紧轮上下跳动的现象，这会造成电梯系统的剧烈振动，引发安全事故，因此当电梯额定速度超过 3.5 m/s 时，应设置防跳装置。

## 四、随行电缆与中间接线箱

### 1. 随行电缆

随行电缆是电梯机房的电气器件与轿厢、井道及层门等处电气器件相连接的导线，它的一端安装在电梯正常提升高度的 1/2 加 1.5 ~ 1.7 m 处的井道壁（电缆架）上，另一端安装在轿厢底部的电缆架上，也有的电缆直接从机房引至中间接线盒，电缆随轿厢的运行而升降。

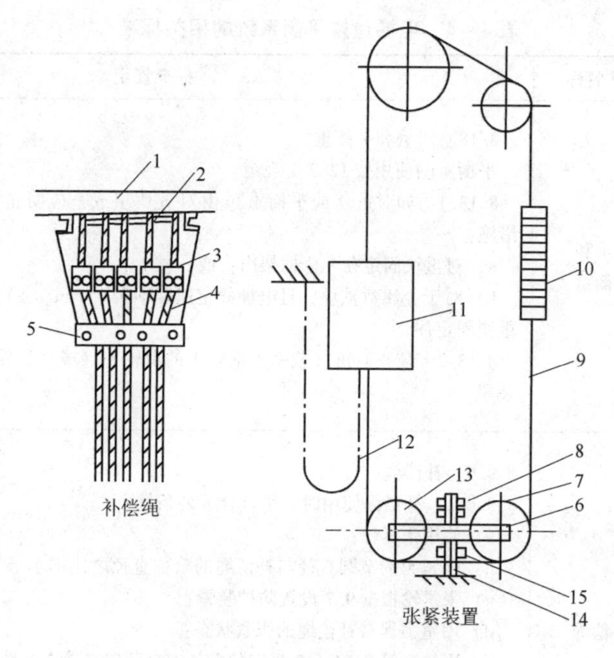


图 4 – 16　补偿绳和张紧装置

1—轿厢底梁；2—挂绳架；3—钢丝绳夹；4、9—钢丝绳；5—定位夹板；6—张紧轮架；7—上限位开关；8—限位挡块；10—对重；11—轿厢；12—随行电缆；13—补偿绳轮；14—导轨；15—下限位开关

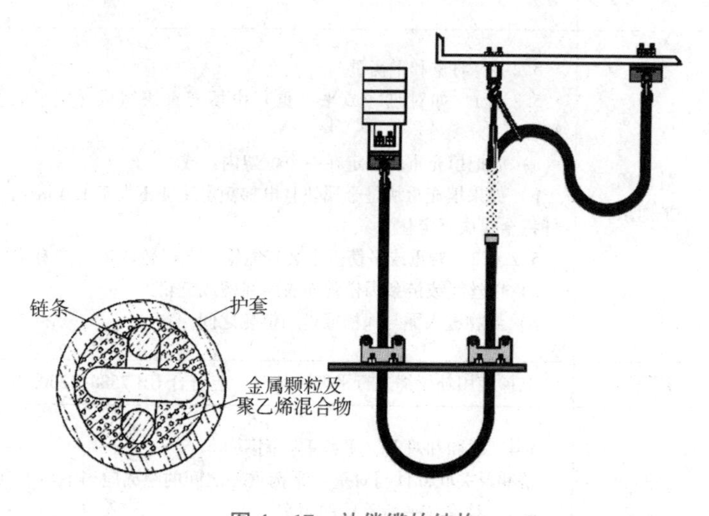


图 4 – 17　补偿缆的结构

2. 中间接线箱

中间接线箱是将由机房引来的导线与层楼分线箱和随行电缆连接的接线装置。中间接线箱安装在电梯正常运行高度的 l/2 加 1.5 ~ 1.7 m 高的井道壁上。中间接线箱内设有压线的端子板，铁皮制成的接线箱应有良好的接地，其接地电阻不应大于 4 Ω。

【标准对接】 (如表4-4所示)

表4-4 电梯重量平衡系统的相关标准

| 标准名称 | 部件名称 | 标准规定 |
| --- | --- | --- |
| 《电梯制造与安装安全规范》(GB 7588—2003) | 对重和平衡重 | 8.18 对重和平衡重<br>平衡重的使用按12.2.1规定。<br>8.18.1 如对重（或平衡重）由对重块组成，应防止它们移位，应采取下列措施：<br>a）对重块固定在一个框架内；或<br>b）对于金属对重块，且电梯额定速度不大于1 m/s，则至少要用两根拉杆将对重块固定住。<br>8.18.2 装在对重（或平衡重）上的滑轮和（或）链轮应按9.7要求设置防护装置。 |
| | 补偿绳 | 9.6 补偿绳<br>9.6.1 补偿绳使用时必须符合下列条件：<br>a）使用张紧轮；<br>b）张紧轮的节圆直径与补偿绳的公称直径之比不小于30；<br>c）张紧轮根据9.7设置防护装置；<br>d）用重力保持补偿绳的张紧状态；<br>e）用一个符合14.1.2规定的电气安全装置来检查补偿绳的最小张紧位置。<br>9.6.2 若电梯额定速度大于3.5 m/s，除满足9.6.1的规定外，还应增设一个防跳装置。<br>防跳装置动作时，一个符合14.1.2规定的电气安全装置应使电梯驱动主机停止运转。 |
| 《电梯安装验收规范》(GB/T 10060—2011) | 对重和平衡重 | 5.2.6 对重和平衡重<br>5.2.6.1 如对重（或平衡重）由填充重块组成，应采取下列措施防止它们移位：<br>a）应把填充重块固定在一个框架内；或<br>b）如果填充重块是金属块且电梯额定速度不大于1.0 m/s，则至少要用两根拉杆将金属块固定住。<br>5.2.6.2 对重或平衡重上装有绳轮（或链轮）时，应有防护装置防止：<br>a）钢丝绳或链条因松弛而脱离绳槽或链轮；<br>b）异物进入绳与绳槽或链与链轮之间。 |
| | 补偿绳 | 电梯使用补偿绳进行平衡补偿时，应符合GB 7588—2003中9.6条的规定。 |
| 《电梯监督检验和定期检验规则——曳引与强制驱动电梯》(TSG T7001—2009) | 轿厢和对重 | 4.4 轿厢和对重（平衡重）间距<br>轿厢及关联部件与对重（平衡重）之间的距离应当不小于50 mm。<br>4.5 对重（平衡重）的固定<br>如果对重（平衡重）由重块组成，应当可靠固定。 |
| | 悬挂装置和补偿装置 | 5.1 悬挂装置、补偿装置的磨损、断丝、变形等情况<br>出现下列情况之一时，悬挂钢丝绳和补偿钢丝绳应当报废：<br>①出现笼状畸变、绳股挤出、扭结、部分压扁、弯折；<br>②一个捻距内出现的断丝数大于下表列出的数值时： |

续表

<table>
<tr><th>标准名称</th><th>部件名称</th><th>标准规定</th></tr>
<tr><td>《电梯监督检验和定期检验规则——曳引与强制驱动电梯》（TSG T7001）</td><td>悬挂装置和补偿装置</td><td>
<table>
<tr><td rowspan="2">断丝的形式</td><td colspan="3">钢丝绳类型</td></tr>
<tr><td>6×19</td><td>8×19</td><td>9×19</td></tr>
<tr><td>均布在外层绳股上</td><td>24</td><td>30</td><td>34</td></tr>
<tr><td>集中在一或者两根外层绳股上</td><td>8</td><td>10</td><td>11</td></tr>
<tr><td>一根外层绳股上相邻的断丝</td><td>4</td><td>4</td><td>4</td></tr>
<tr><td>股谷（缝）断丝</td><td>1</td><td>1</td><td>1</td></tr>
<tr><td colspan="4">注：上述断丝数的参考长度为一个捻距，约为6d（d表示钢丝绳的公称直径，mm）</td></tr>
</table>
5.2　端部固定<br>悬挂钢丝绳绳端固定应当可靠，弹簧、螺母、开口销等连接部件无缺损。对于强制驱动电梯，应当采用带楔块的压紧装置，或者至少用3个压板将钢丝绳固定在卷筒上。<br>采用其他类型悬挂装置的，其端部固定应当符合制造单位的规定。<br>5.3　补偿装置<br>（1）补偿绳（链）端固定应当可靠；<br>（2）应当使用电气安全装置来检查补偿绳的最小张紧位置；<br>（3）当电梯的额定速度大于3.5 m/s时，还应当设置补偿绳防跳装置，该装置动作时应当有一个电气安全装置使电梯驱动主机停止运转。</td></tr>
</table>

# 第三节　电梯导向系统典型故障排查

## 一、螺栓连接松动或者缺失

（1）导轨压板螺栓或螺母发生松动

（2）导轨连接板螺栓或螺母发生松动

导轨在安装完毕后，需要进行一系列的调整，以便对导轨导向面的间距、工作面的扭曲度和平行度、导轨接头的缝隙和台阶进行调整，确保电梯运行的舒适感。如图 4－18 和图 4－19 所示。

在调整过程中，需要在个别导轨与支架的连接处，或导轨接头处，通过垫入垫片、螺栓紧固等方法，使导轨在该位置发生微小的位移、弯曲或者扭转，因此调整完毕后的导轨，不可避免地在个别位置存在一定的内应力。

电梯在长期使用过程中，轿厢和对重在导轨上往复运行，其间会不断产生振动，导轨压板和连接板的连接螺栓在振动和导轨本身内应力的同时作用下，有可能产生一定的松动，因此需要在年度保养过程中，对导轨压板和连接板的连接螺栓进行检查紧固。

在检查维护过程中，一定要注意不应随意松开用于固定导轨的压板、连接板上的螺栓，以免导轨在内应力的作用下偏离原先调整的状态。如发现导轨压板或连接板上的螺栓松动，甚至是缺失，在补全、紧固螺栓的同时，应当对该处导轨的状态进行检查，确认导轨导向面的间距、工作面的扭曲度和平行度、导轨接头的缝隙和台阶状态符合要求。

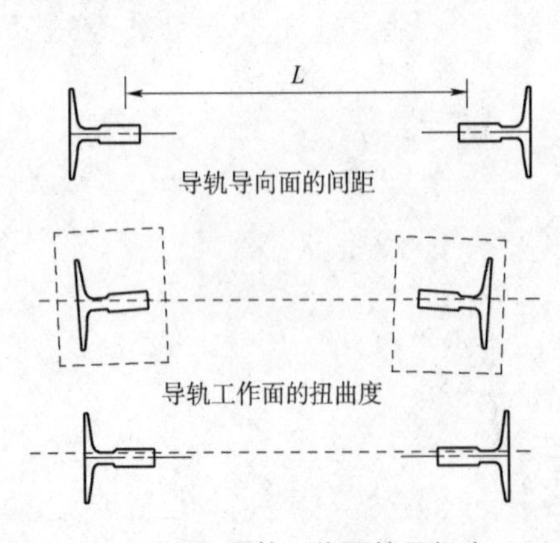


图 4－18　导轨工作面的平行度

图 4－19　导轨连接板固定螺栓缺失

## 二、导轨表面状态不佳

1. 导轨表面锈蚀，对安全钳动作时的表面摩擦系数产生不利影响

根据实验结果，导轨表面存在锈蚀，或表面存在防锈油膜（非润滑油）时，会对安全钳动作时楔块与导轨工作面的摩擦系数产生影响。绝大多数制造厂家均要求电梯在投入运行

中，其导轨表面不应存在锈蚀，且应将导轨出厂时涂抹在导轨上的防锈油膜彻底清除后，再用润滑油对导轨表面进行润滑。如图 4－20 和图 4－21 所示。

图 4－20　导轨表面的防锈油膜

图 4－21　清除防锈油膜后的导轨表面

2. 导轨表面油污堆积，影响电梯运行舒适感

电梯在长期使用过程中，需要不断地对导轨工作面进行润滑，导轨表面的润滑油脂会不断沾染井道内的粉尘形成油污。当冬季井道内温度较低时，油脂黏度增加，导轨表面的油污容易在导靴的挤压下逐渐形成油泥结硬，附着堆积在导轨表面，引起轿厢导靴经过油污堆积位置时产生振动，影响电梯运行的舒适感。

3. 导轨表面过度润滑，引起滚动导靴的橡胶滚轮（或聚氨酯轮）的轮缘出现老化

对于采用滚动导靴的导轨，由于部分滚轮的外缘采用了橡胶、聚氨酯等高分子材料，这些材料在使用过程如果和油类介质长期接触，油类能渗透到橡胶内部使其产生溶胀，致使橡胶的强度和其他力学性能降低。油类能使橡胶发生溶胀，是因为油类渗入橡胶后，产生了分子相互扩散，使硫化胶的网状结构发生变化；或者加速橡胶的老化，使其表现为龟裂、发黏、硬化、软化、粉化、变色等。如图 4－22 所示。

图 4－22

因此在使用了滚动导靴的导轨上，不应安装油杯对导轨进行润滑。但是为了确保安全钳可靠工作，应在检查维护时人工对导轨进行适度润滑，最低限度应保证导轨表面光泽无锈迹，或参照制造厂家要求进行润滑。

## 三、油杯油量状态不正常

1. 油杯缺油未添加，或油杯内油位过高

在每次检查维护时，都应当对油杯油位进行检查，使油杯内的油位保持在油杯总容量的 1/2～3/4。如果油杯油量不足一半，润滑油容易在进行下次检查维护之前耗尽，如图 4－23 所示。而如果油杯内油量过满，在轿厢和对重遭遇冲击或振动时，油杯内润滑油容易泼洒到油杯外的轿顶和对重上。

2. 油杯破损，引起润滑油渗漏

由于油杯被安装在对重和轿厢的最顶部，在井道内出现碎石、垃圾等坠落物时，容易被砸中并破裂。如图 4－24 和图 4－25 所示。当油杯破损渗漏，其杯盖等各部件状态完好不存在缺损、破裂，应对油杯进行更换。

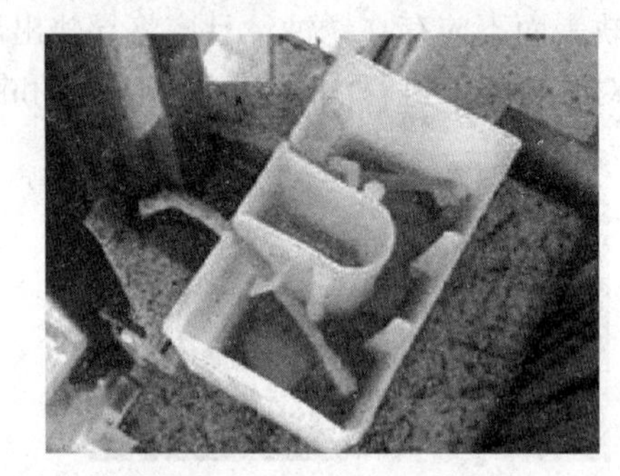

图 4-23　油杯缺油

图 4-24　对重上油杯破裂

图 4-25　对重上油杯盖破碎

3. 油杯定位错误，吸油毛毡与导轨接触面过小，或未完全压住导轨面，引起导轨面缺油

毛毡内储存的润滑油，需要在一定的压力下才能渗出到导轨表面，如果毛毡未能完全贴紧在导轨表面上，则润滑油的渗出量就会比较小，导致导轨润滑不足。另外，毛毡与导轨面的接触宽度应至少大于滑动导靴靴衬与导轨的接触宽度，以能够对所有靴衬与导轨产生摩擦的位置进行有效润滑。避免由于毛毡与导轨面的接触宽度较小，引起导轨润滑不足，如图 4-26 所示。

图 4-26　毛毡与导轨面的接触宽度过小，引起导轨润滑不足

4. 油杯吸油毛毡或油芯破损，或毛毡表面油污堆积结硬，导轨润滑油无法渗出，引起导轨缺油

在电梯使用过程中，由于导轨表面始终涂抹有润滑油，这些润滑油同时会吸附井道内的灰尘和杂质，在冬季温度较低的季节，润滑油黏性增加，使导轨表面产生油污。

毛毡长期压紧在导轨表面往复运动，导致在毛毡的表面不断地收集、沾染导轨表面的油污，这些不断增加的油污沾染在毛毡表面后，同时在毛毡往复运行过程中不停地受到挤压，在温度较低的季节很容易结硬成块，使毛毡内的润滑油无法渗出到导轨表面。

5. 将齿轮润滑油作为导轨润滑油使用，引起毛毡上齿轮润滑油不能顺畅渗出

导轨润滑油的主要作用是保证导轨不生锈，减小导靴的磨损，普通润滑油同样能起到这样的作用。

需要注意的是，电梯导轨用润滑油的使用环境较为普通，可以与引擎用润滑油（常说的机油）通用，普通场合用润滑油主要注重低温性能，在低温时具有良好的流动性，除了润滑还有清洁、分散作用。齿轮润滑油则不同，因为齿轮与齿轮之间的摩擦剧烈，压强要比发动机高得多，而且工作温度也高得多，因此更注重高温高压下的性能。通常情况下齿轮润滑油的黏度大大高于普通用途润滑油，油杯中加入齿轮润滑油后，由于其常温下的黏度过高，无法有效被毛毡吸收、渗出并涂抹到导轨表面，导致导轨润滑不足。

6. 冬季气温降低，润滑油黏度增加，引起毛毡上导轨润滑油不能顺畅渗出

在冬季温度极低的情况下，润滑油的黏度增加，流动性变差，引起润滑油无法有效被毛毡吸收、渗出并涂抹到导轨表面，也会导致导轨润滑不足。为了保证吸油棉芯能正常吸油，可以更换低温性能更好的润滑油（注），也可以在润滑油里加 10% 的柴油，以帮助稀释润滑油，降低其黏度。

注：润滑油的黏度多使用 SAE 等级标识，SAE 是英文“美国汽车工程师协会”的缩写。

例如：SAE15W－40

“W”表示 Winter（冬季），其前面的数字越小说明机油的低温流动性越好，代表可供使用的环境温度越低，在冷起动时对发动机的保护能力越好；

“40”则是机油耐高温性的指标，数值越大说明机油在高温下的保护性能越好。

几种常见标号的润滑油适用的环境温度如表 4－5 所示。

表 4－5 SAE 适用的环境温度

| SAE 标号 | 低温性能 | 高温性能 |
|---|---|---|
| 0W－20 | 耐外部低温－35 ℃ | 耐外部高温 20 ℃ |
| 5W－30 | 耐外部低温－30 ℃ | 耐外部高温 30 ℃ |
| 10W－40 | 耐外部低温－25 ℃ | 耐外部高温 40 ℃ |
| 15W－50 | 耐外部低温－15 ℃ | 耐外部高温 50 ℃ |

## 四、固定式滑动导靴状态不良

1. 导靴靴衬过度磨损，导致对重运行中晃动间隙过大

固定式滑动导靴由于靴衬不能在靴座上浮动，因此靴衬的侧面与导轨工作面、底部与导轨导向面均应保持一定的间隙，以便减缓导轨间距和直线度发生变化，或者经过导轨接头处台阶时产生的阻力和冲击。通常情况下，固定式滑动导靴的靴衬底部与导轨导向面之间应保持 1～2 mm 的间隙（单侧），而靴衬侧面与导轨工作面之间应保持 0.5～1 mm 的间隙。

但是在电梯使用过程中，导靴的长期使用、导轨润滑不足、对重偏载等原因，均会引起靴衬磨损。靴衬磨损程度过大，造成侧面与导轨工作面、底部与导轨导向面之间的间隙过

大，使得导靴将对重约束在导轨上的能力下降，对重在其导轨上的晃动自由度也会变大。加之目前的对重导轨多采用了空心导轨，其机械强度远不及 T 型导轨，当遇到冲击时容易产生较大的弹性变形（导轨弯曲），导靴的晃动间隙过大容易在地震等极端状态下造成对重脱离导轨，进而导致对重块坠落或者对重撞击轿厢，引发事故。如图 4－27 所示。

图 4－27　固定导靴松脱后对重脱离导轨

另外，当导靴晃动间隙过大时，由于对重架在实际运行时会存在一定的偏载，偏载力会使得对重在轨道上倾斜运行，此时对重上四个导靴中仅个别靴衬工作面与导轨接触摩擦，引起靴衬产生不均匀快速磨损。

2. 导靴的固定螺母松动，引起导靴和靴衬脱落

如前所述，由于固定式滑动导靴的靴衬与靴座相固定，因此当导轨间距和直线度发生变化或者经过导轨接头处台阶时，尤其是垂直安装方式的固定式滑动导靴，靴衬受到的阻力、振动和冲击会在没有缓冲的情况下直接传递给靴座。

长期在冲击和振动状态下工作，固定式滑动导靴的各固定螺栓较容易出现松动，如图 4－28 所示，需要在检查维护时特别注意。一旦导靴的固定螺栓发生松动，对重在运行中遭遇冲击时极易脱离导轨，进而导致对重块坠落或者对重撞击轿厢，引发事故。

图 4－28　固定式滑动导靴螺栓松脱

3. 导靴定位不良，靴衬底部与对重导轨导向面间隙过大，致使对重运行中晃动过大

如前所述，由于固定式滑动导靴的靴衬与靴座相固定，因此靴衬底部与导轨导向面之间的间隙大小由调整靴座的定位位置决定。水平安装的固定滑动导靴，移动靴座在水平面上的位置即可调整靴衬底部与导轨导向面之间的间隙，而垂直安装的固定式滑动导靴，需要在靴座与对重架之间垫入合适数量的垫片来进行间隙的调整。调整靴衬底部与导轨导向面间隙时，可以通过测量两侧导靴间隙总和的方法，将对重向某侧导轨推到底时，测量另一侧靴衬

底部与导轨导向面之间的最大间隙，该间隙应被调整至 2 ~ 4 mm。该间隙不宜过大，尤其是在使用空心导轨的电梯上，靴衬底部与导轨导向面间隙过大，会导致对重在左右晃动时单侧靴衬与导轨的啮合深度过小，极容易使对重在遭遇冲击时脱离导轨。如图 4 – 29 所示。

4. 导靴定位不良，靴衬底部与对重导轨导向面间隙过小，引起电梯运行舒适感不佳

靴衬底部与导轨导向面间隙不宜过大，但是两侧导靴的该间隙过小时，一旦对重运行经过导轨间距偏小的区域，会导致两侧导轨的导向面压紧对重导靴的底部，直接引起导靴在导轨上运行的阻力骤增，如果此时导轨导向面间距过小、导轨润滑状态不佳、导轨接头处台阶过大，就会引起对重在运行过程中产生较大的垂直振动，该振动能够通过曳引钢丝绳直接传递至轿厢，使轿厢也产生同频率的垂直震荡，引起轿厢运行舒适感变差。如图 4 – 30 所示。

图 4 – 29　靴衬底部与导轨导向面间隙过大

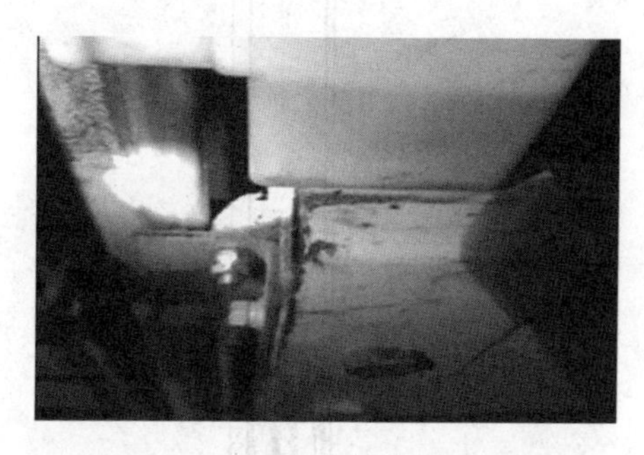

图 4 – 30　靴衬底部与导轨导向面间隙过小

另外，如果轿厢在平层位置状态下，对重正好处于导轨导向面间距过小的区域，则两侧导轨的导向面压紧对重导靴的底部后，电梯在启动运行时，由于对重导轨与导靴的静摩擦力较大，曳引机需要输出更大的力矩驱动轿厢和对重启动运行；然而在对重启动运行的瞬间，导轨与导靴之间的摩擦状态由静摩擦忽然转变为滑动摩擦，滑动摩擦力明显小于静摩擦力，而曳引机的驱动输出如不能在这一瞬间顺势降低（驱动系统采用直接力矩控制时可以实现），就会导致轿厢和对重在启动运行瞬间出现顿挫感。

5. 导靴定位不良，各靴衬侧面不处于同一平面，引起电梯运行舒适感不佳

固定式滑动导靴由于其靴衬与靴座固定连接，靴衬无法在靴座上进行浮动，因此靴座的定位还会在很大程度上决定靴衬各摩擦面与导轨导向面、工作面的接触形态和角度。

为了保证靴衬各摩擦面与导轨直接的受力、接触和摩擦相对均匀，要求各导靴的侧面应处于同一平面，而不应存在错列或倾斜（如图 4 – 31 ~ 图 4 – 34 所示），以避免由于靴衬各摩擦面受力不均引起卡阻，导致对重运行阻力过大，从而影响电梯运行舒适感，并使靴衬出现异常磨损。

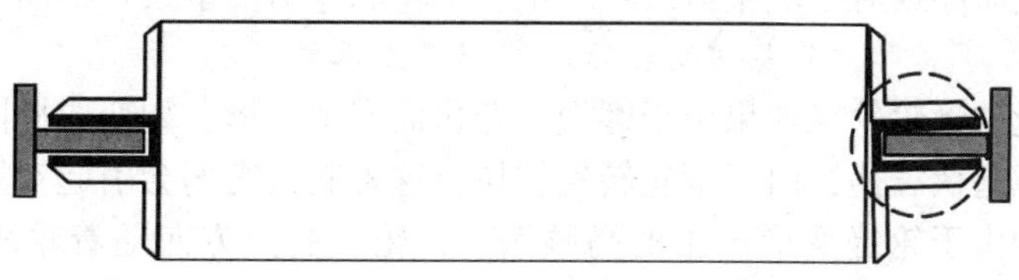

图 4 – 31　靴衬摩擦面存在倾斜

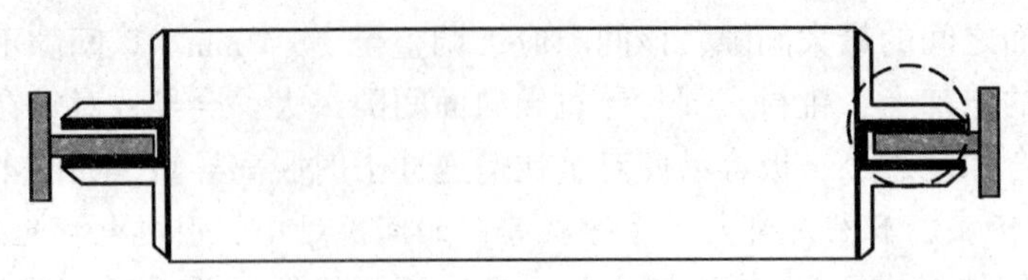

图 4 – 32　靴衬摩擦面存在错列

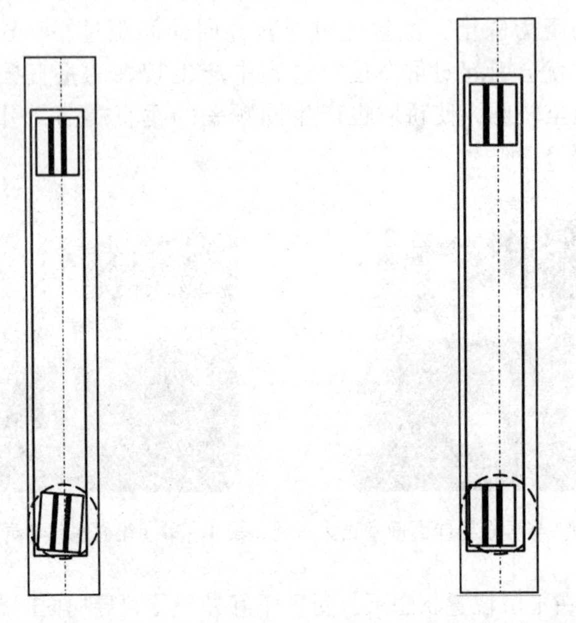

图 4 – 33　靴衬摩擦面存在倾斜　　　　图 4 – 34　靴衬摩擦面存在错列

## 五、固定滚动导靴状态不良

1. 导靴的滚轮轴承磨损或锈蚀，引起滚轮滚动阻力过大

电梯在长期使用过程中，对重侧滚动导靴的滚轮轴承会产生一定的磨损或者锈蚀，引起滚轮滚动阻力变大。一定范围内的阻力滚动增大不会对对重运行造成很大影响，但是一旦滚轮轴承出现严重磨损或者锈蚀卡阻，就会导致对重在导轨上的运行阻力增加，造成电梯运行舒适感变差。

另外，一旦滚轮轴承严重受损或者完全卡死，滚轮无法在导轨面上进行滚动，会引起滚轮轮缘与导轨面发生滑动摩擦，造成滚轮轮缘异常磨损。固定滚动导靴由于没有设置摆臂机构和弹性元件，在轮缘发生异常磨损时无法将滚轮压紧在导轨面上，引起对重在导轨上的晃动间隙变大，导靴的滚轮无法约束对重在水平面上的运动自由度，对重在运行中遭遇冲击时极易脱离导轨，进而导致对重块坠落或者对重撞击轿厢，引发事故。如图 4 – 35 所示。

2. 导靴滚轮外缘变形，引起对重运行过程中产生振动

固定滚动导靴的滚轮轮缘如果由于磨损、老化而产生变形，如变成椭圆形，使得滚轮在导轨上运行时产生起伏震荡，由于滚轮转速较快，这种起伏震荡会引起对重在运行中产生高频率的振动。这种由于轮缘变形产生的高频振动，轮心受力方向随着轮缘旋转角度不断变化，因此产生的振动通常都存在水平振动和垂直振动两个分量。如图 4 – 36 所示。这种高频振动通过曳引钢丝绳传递至轿厢后，会引起电梯运行舒适感下降。

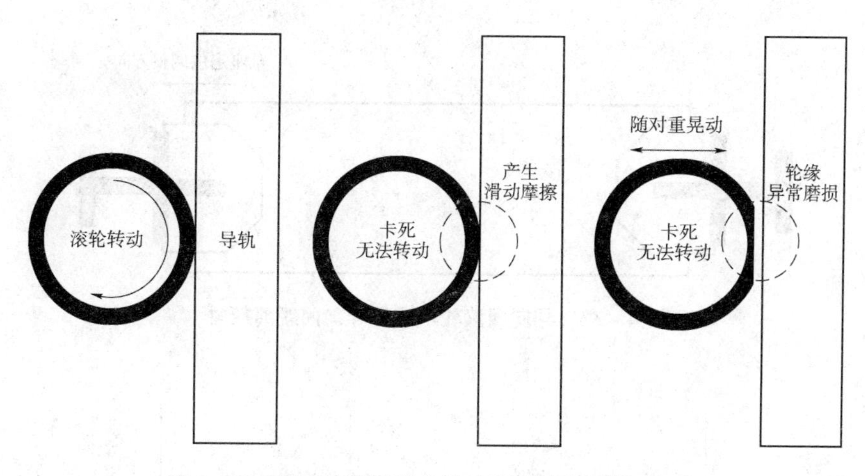


图 4－35　固定滚动导靴轮缘异常磨损产生晃动间隙

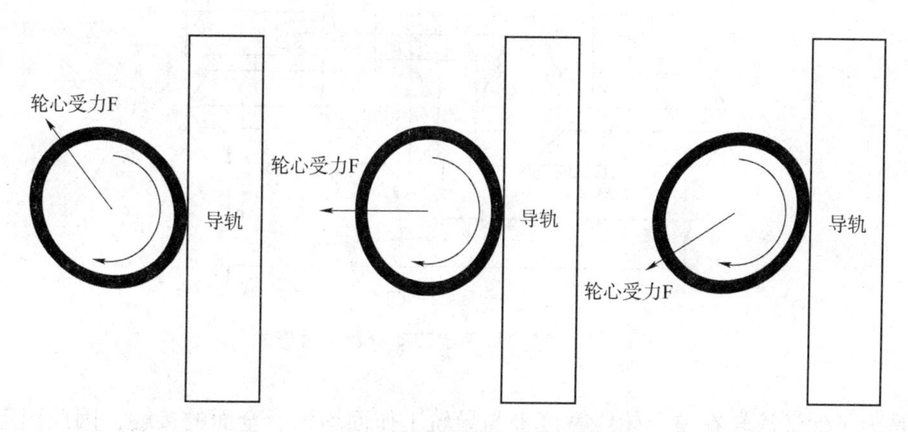


图 4－36　固定导靴滚轮外缘变形产生振动

3. 导靴定位不良，定位钳口底部与导轨导向面间隙过小，引起电梯运行舒适感不佳

4. 导靴定位不良，定位钳口底部与导轨导向面间隙过大，致使对重运行中晃动过大

如前所述，固定滚动导靴的滚轮与靴座为固定连接，由于不存在摆臂机构和弹性元帮助使滚轮在导轨面上产生浮动，导向面滚轮与导轨导向面之间的压紧状态和程度需要通过调整靴座的水平定位来进行调整。

如果导向面滚轮与导轨导向面之间受压过大，会引起对重运行阻力过大，产生运行振动，引起运行舒适感不佳；但是如果导向面滚轮与导轨导向面之间接触压力过小，甚至脱离接触，就会导致对重运行晃动过大，严重的存在遭遇冲击时极易脱离导轨的风险。如图 4－37 所示。

5. 导靴定位不良，两侧导靴的导向面滚轮不处于同一直线，各滚轮与导轨面不垂直，导致其滚动方向与运动轨迹偏离，引起电梯运行舒适感不佳

对于固定滚动导靴的工作面滚轮，其两侧滚轮之间的间距与导轨导向面宽度相匹配，调整靴座的水平位置，使两侧工作面滚轮与导轨工作面相互垂直，即可保证滚轮与导轨面的接触压力和晃动处于正常范围。某型号固定滚动导靴的定位要求如图 4－38 所示。

图 4－37　导向面滚轮与导轨导向面脱离接触

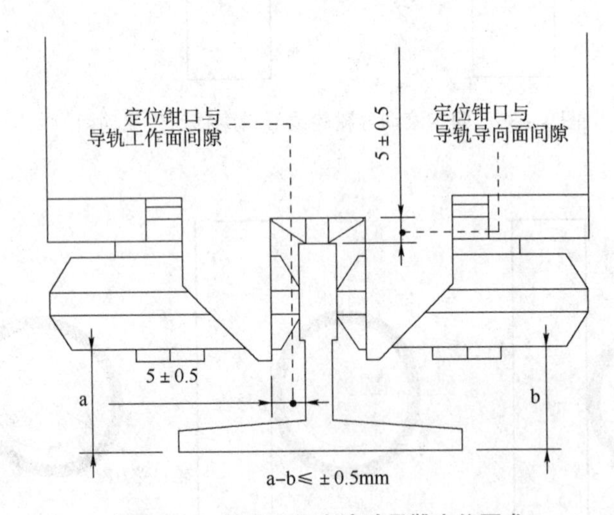


图 4－38　某型号固定滚动导靴定位要求

但是为了保证滚轮在整个轮缘宽度上与导轨工作面均匀、全面的接触，因此固定滚动导靴在定位时应注意保持导靴靴座不应存在水平扭转，且两侧导向面滚轮应处于同一直线，不应存在错列或倾斜。不论错列或者倾斜，最终都会导致部分滚轮在导轨面上的滚动存在侧倾。如图 4－39 和图 4－40 所示。

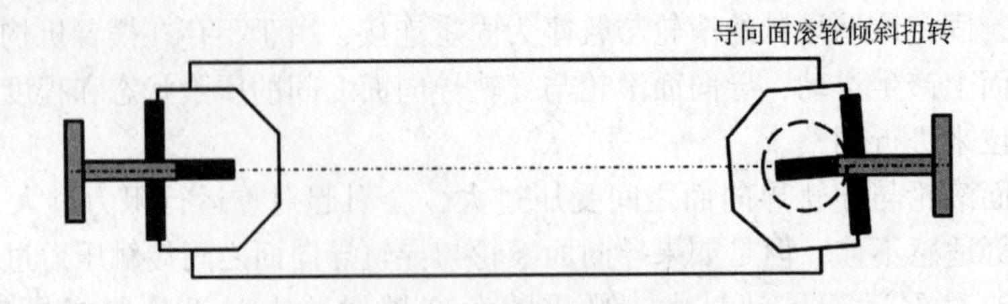


图 4－39　导向面滚轮倾斜

滚轮在侧倾状态下滚动，导轨面对滚轮的弹力随滚轮同步倾斜，产生运动向心分力，使滚轮自由轨迹呈现为圆弧形，如图 4－41 所示。由于滚轮的运行轨迹与靴座的实际运行方向存在偏差，使滚轮的轮缘在导轨面上产生横向滑动，导致对重运行出现异常振动引起舒适感不佳，且滚轮轮缘出现快速的异常磨损。

引起对重扭转

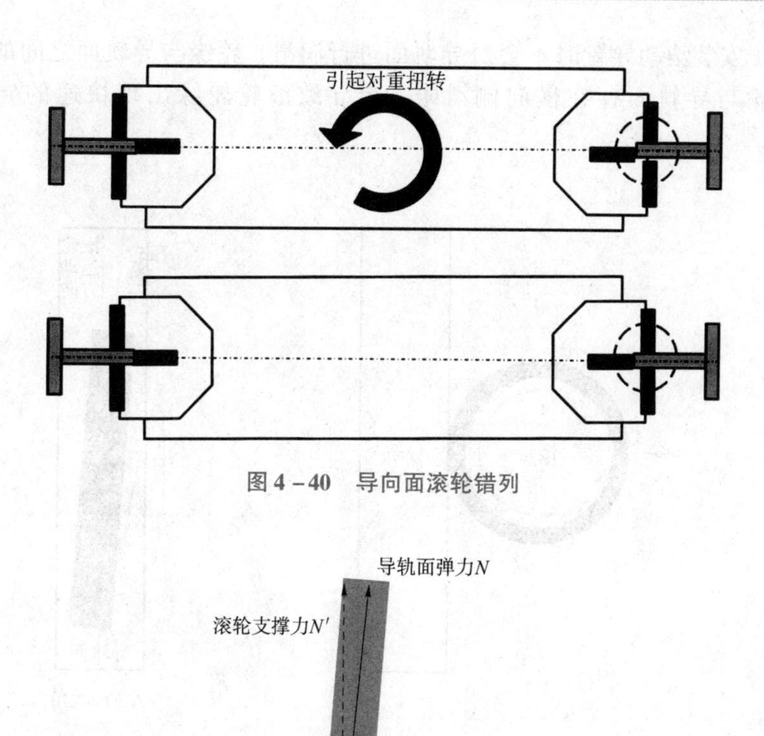

图 4－40　导向面滚轮错列

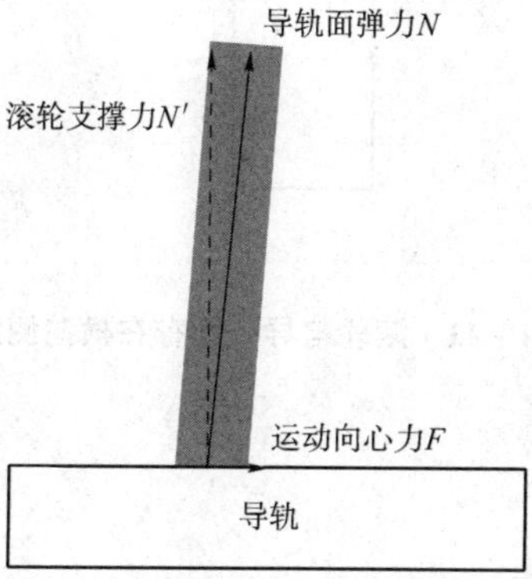

导轨面弹力N
滚轮支撑力N′
运动向心力F
导轨

图 4－41　滚轮在侧倾状态下的受力情况

6. 导靴水平度不良，导致滚轮的滚动方向与运动轨迹偏离，引起电梯运行舒适感不佳

滚动导靴的滚轮对导轨不应歪斜，其安装方向应与在导轨面上的运动方向一致，以避免滚轮与导轨面之间存在横向滑动，导致对重运行出现异常振动引起舒适感不佳。如图 4－42 所示。

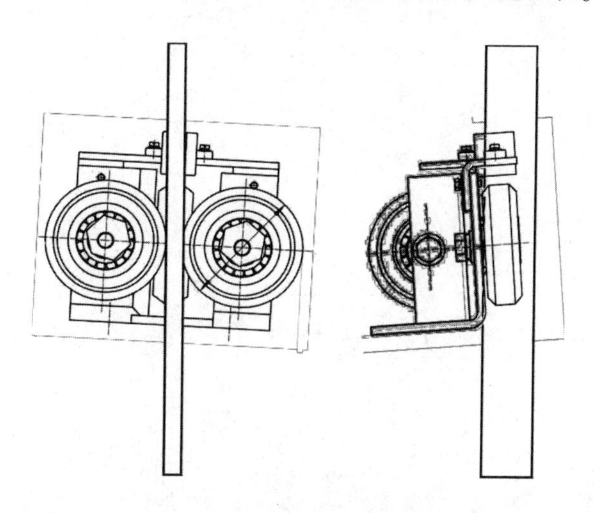

图 4－42　滚轮导轨发生歪斜

同时，由于安装滚动导靴时不会对导轨面进行润滑，轮缘与导轨面之间的摩擦系数较大，因此当滚轮与导轨面存在横向侧滑时，会导致滚轮轮缘出现快速的异常磨损。如图4-43所示。

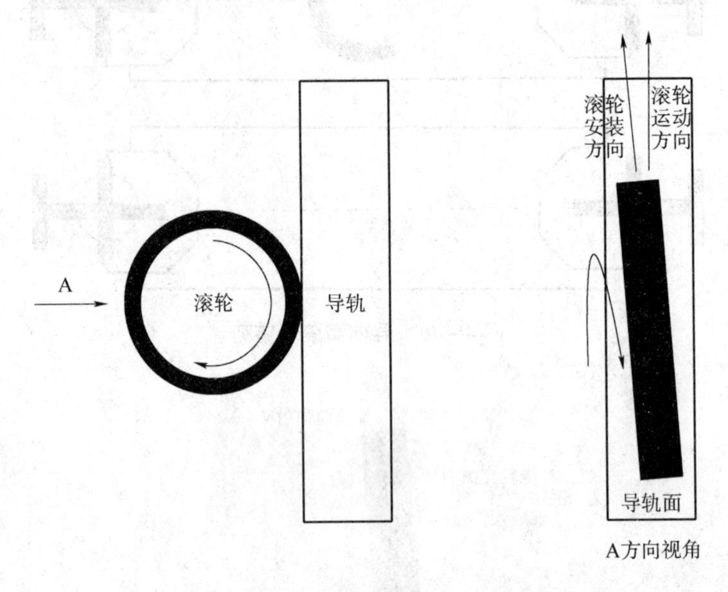


图4-43　滚轮与导轨面存在横向侧滑

# 第四节　重量平衡系统典型故障排查

## 一、对重块存在坠落风险

（1）压板未压住对重块，在对重蹲底或上抛坠落时，引起对重块坠落

（2）对重块压板固定螺栓松动，在对重蹲底或上抛坠落时，引起对重块坠落

电梯在使用过程中，有可能由于各种原因引起轿厢出现蹲底、冲顶、安全钳意外动作等情况，导致轿厢以较大的减速度停止运行。如果轿厢在下行过程中以大于1个G的减速度急停，而此时正在上行过程中的对重只能在自身重力作用下停止运行，其减速度不大于1 G。下行轿厢的减速度大于下行对重时，会引起连接二者的曳引钢丝绳完全松弛，此时虽然轿厢已经完全停止，但是对重仍处于自由上抛状态。

当对重上抛至最高点后，又会在重力作用下自由落体运动，使轿厢与对重之间的曳引钢丝绳再次受力绷紧，在钢丝绳绷紧的短时间内，会对对重产生加大的冲击，使之在非常短的时间内停止自由落体运动。

在这个冲击过程中，一旦对重块未被有效束缚、固定在对重架内，十分容易引起对重块从对重架中脱离，坠入井道内。如果此时轿厢所处位置低于对重，则坠落的对重块在砸中轿厢顶部时，有很大可能击穿轿顶坠入轿厢内，导致人员伤亡。

为了有效地固定和束缚对重块，对重架上通常都会设置有压板装置，将对重块压紧在对重架内，对重块压板应当完全压住对重块，与之不存在活动间隙，且压板上的各固定螺栓和螺母应有效紧固，并设置适当的放松措施。如图4-44~图4-49所示。

图4-44　电梯对重块压板

图4-45　电梯对重块压板

图 4-46　其他多种型号电梯的对重块压紧装置

图 4-47　对重块压紧装置装配错误

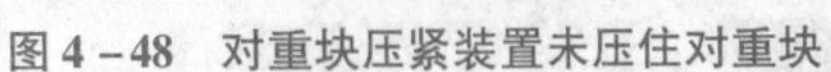

图 4-48　对重块压紧装置未压住对重块

图 4-49　对重块压紧装置固定螺母松动

需要注意的是，根据《电梯制造与安装安全规范》（GB 7588—2003）中要求：“如对重（或平衡重）由对重块组成，应防止它们移位，应采取下列措施：

a）对重块固定在一个框架内；或

b）对于金属对重块，且电梯额定速度不大于 1 m/s，则至少要用两根拉杆将对重块固定住。当对重块采用金属材质，且电梯的额定速度运行在 1 m/s 以下时，可以适当降低对重块固定措施的要求，但至少应用两根拉杆将对重块固定在对重架中。如图 4－50 所示。

图 4－50　对重块的拉杆固定

## 二、对重块存在破裂

1. 水泥对重块出现风化、膨胀，或外包材料破损，存在破碎可能（如图 4－51 所示）

图 4－51　水泥对重块出现风化

水泥对重块在生产过程中，由于水泥水化硬化形成的浆体中有一些孔隙（毛细孔、凝胶孔），具有渗透性，因此在潮湿环境中，空气中的水分渗入混凝土的水泥浆，循环作用的冰冻压力会损害水泥浆体，导致混凝土由表及里损坏。另外，长期处于盐湿环境区域的电梯，如滨海地区，空气中的盐分含量较高，在潮湿气候时盐分随水分一同渗透进入混凝土，在干燥时节水泥表面干燥，出现盐结晶，这种结晶压力也会损害水泥浆，逐步侵蚀混凝土表面。如果在水泥浆中引入一定量气泡，可以吸收冰冻或结晶压力，能够有效保护混凝土不受冰冻或盐结晶损害。

水泥水化产物之一是氢氧化钙，使水泥浆体呈碱性。由于水泥浆的这个特点，在酸性环境的土壤、空气或水分中含有的硫酸盐，渗透进入水泥，会与水泥水化产物发生膨胀性反应，导致混凝土由表及里损坏；而酸性环境中的氯离子渗透进入水泥，会导致水泥对重块内的钢筋锈蚀，钢筋锈蚀会产生膨胀，导致混凝土开裂或外层混凝土剥落。

另外，空气中二氧化碳渗透进入水泥，与氢氧化钙反应生成碳酸钙，称作水泥碳化。碳化的产物本身稳定，还能提高水泥表面硬度和强度。然而，碳化会降低水泥的碱度（也称作中性化），使混凝土失去对钢筋的保护作用，钢筋锈蚀就会使混凝土表面层开裂或剥落。

现在混凝土技术已经能够很好解决这些问题，但是由于对重的使用环境决定其在电梯出现蹲底、冲顶、安全钳意外动作时，有可能面对超过自身重量数倍的冲击，因此需要在检查维护中着重对水泥对重块的外观形状进行检查。且《电梯监督检验和定期检验规则——曳引与强制驱动电梯》（TSG T7001—2009）第二号修订单中，明确要求“对重（平衡重）块不得出现开裂、严重变形”“对重（平衡重）块外包材料不得出现破损”。

2. 底部对重块为水泥材质，在对重蹲底或上抛坠落时，引起底部对重块破碎

由于水泥（或混凝土）材质特性的原因，其机械强度上弱于铸铁等金属材质，且水泥质脆，在过强的外力加压、冲击下会直接导致其破碎，因此很多水泥对重块要求在运输装卸时严禁抛掷。如图 4－52 所示。

最底部的对重块需要承受其他所有对重块的重量，同时在部分设计中，对重框架与底部对重块之间的受力面积非常小，使对重块产生较强的局部应力（如图 4－53 所示），加之电梯出现蹲底、冲顶、安全钳意外动作时产生的冲击和水泥材质在长期使用中的逐步风化，如果底部对重块采用水泥材质，容易导致对重块发生破碎。因此在采用水泥对重块的对重上，通常要求最底部的对重块应采用金属材质。

图 4－52　水泥对重块严禁运输装卸时进行抛掷

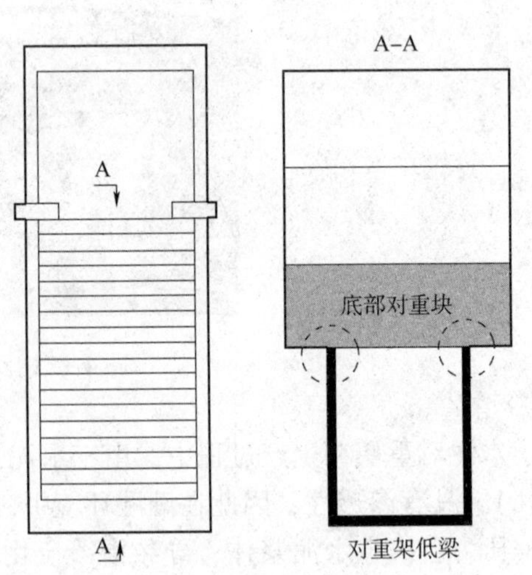

图 4－53　对重底部剖面图

## 三、对重块存在数量异常

1. 缺少部分编号的对重块，或对重块堆放高度低于高度标识，对重块数量不足

为了有效防范电梯在使用过程中，由于对重块被盗造成电梯轿厢平衡系数过低，破坏电

梯曳引条件，导致电梯出现轿厢意外移动，从而造成人员伤亡事故，自2017年10月1日起实施的《电梯监督检验和定期检验规则——曳引与强制驱动电梯》（TSG T7001—2009）第二号修订单中，明确要求“应当具有能快速识别对重（平衡重）块数量的措施（例如标明对重块的数量或者总高度）”。

常用的方法，是在完成电梯平衡系数的测试和调整后，自上而下地将对重块逐一编号，或者在对重架上标识对重块的堆放高度，以便检查维护过程中，作业人员准确识别对重块的数量是否准确。如图4－54～图4－56所示。

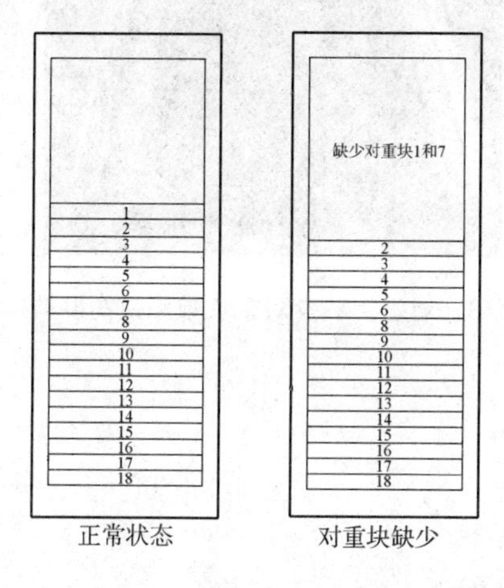


图4－54　对重块编号方式识别对重块数量

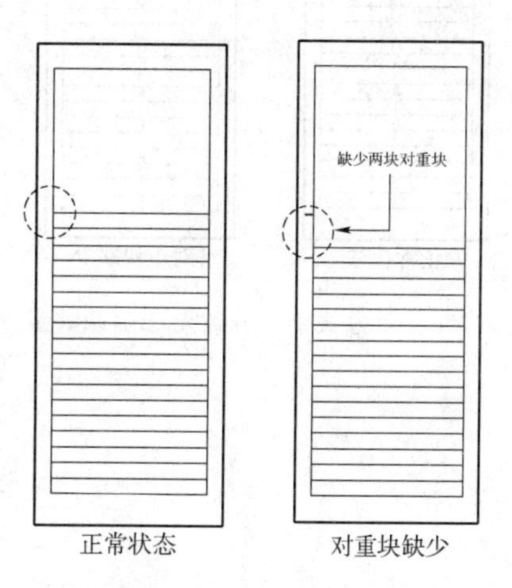


图4－55　对重块堆放高度标识识别对重块数量

图4－56　无法识别对重块数量是否缺少

2. 对重块无数字标号、数字标号顺序错误，或没有对重块堆放高度标示，无法判断对重块数量是否缺少

在电梯完成平衡系数测试和调整，确认对重块数量以后，应当通过适当的标识明确对重块的总数量，使得对重块在缺少时能够被简单直观地辨别。但是如果没有采取任何形式标识对重块的数量或高度，或者标示方式错误，就会在对重块数量缺少时无法通过目视检查辨别，导致电梯运行存在安全隐患。如图4－57和图4－58所示。

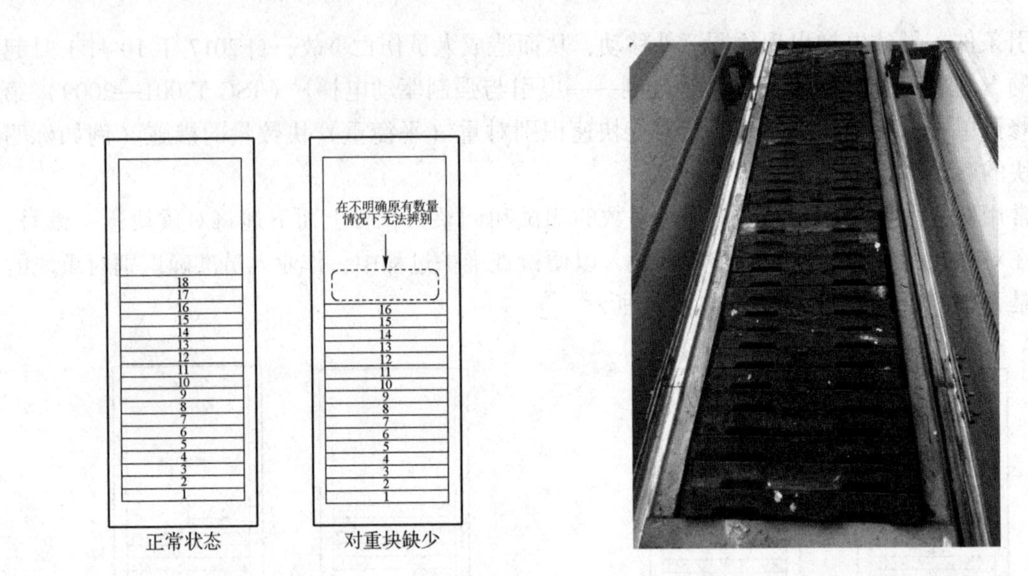

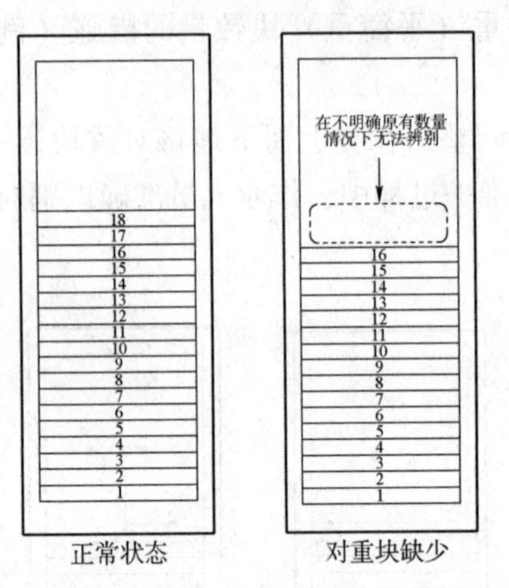


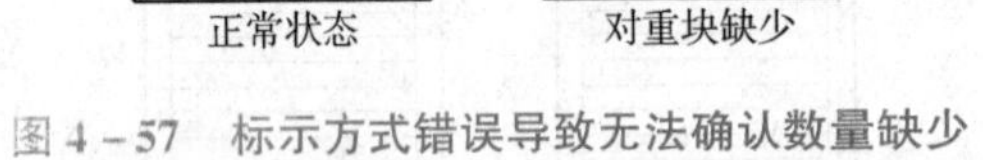

图 4－57　标示方式错误导致无法确认数量缺少

图 4－58　对重上缺少对重块数量或高度的标识

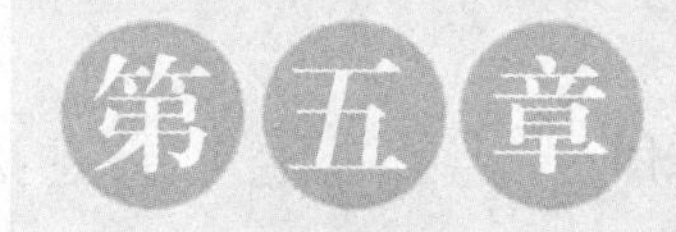


# 电梯安全保护系统结构及典型故障排查

电梯是高层建筑中必不可少的垂直运输工具，其运行质量直接关系到人员的生命安全和货物的完好，所以电梯运行的安全性必须放在首位。为保障电梯的安全运行，从电梯设计、制造、安装及日常维保等各个环节都要充分考虑到防止危险发生，并针对各种可能发生的危险，设置专门的安全装置。根据《电梯制造与安装安全规范》（GB 7588—2003）中的规定，现代电梯必须设有完善的安全保护系统，包括一系列的机械安全装置和电气安全装置，以防止任何不安全情况的发生。在电梯的安全系统中，包括高安全系数的曳引钢丝绳、限速器、安全钳、缓冲器、多道限位开关、防止超载系统及完善严格的开关门系统和安全保障。

## 第一节　电梯安全事故和故障分析

### 一、电梯可能发生的事故和故障

1. 轿厢失控、超速运行

当曳引机电磁制动器失灵，减速器中的轮齿、轴、销、键等折断，以及曳引绳在曳引轮绳槽中严重打滑等情况发生，正常的制动手段已无法使电梯停止运动，轿厢失去控制，造成运行速度超过额定速度。

2. 终端越位

由于平层控制电路出现故障，轿厢运行到顶层端站或底层端站时，未停车而继续运行或超出正常的平层位置。

3. 冲顶或蹲底

上终端限位装置失灵等造成轿厢或对重冲向井道顶部，称为冲顶。

下终端限位装置失灵或电梯失控，造成电梯轿厢或对重跌落井道底坑，称为蹲底。

4．不安全运行

不安全运行包括：限速器失灵、层门和轿门不能关闭或关闭不严时电梯运行，轿厢超载运行，曳引电动机在缺相、错相等状态下运行等。

5．非正常停止

控制电路出现故障、安全钳误动作、制动器误动作或电梯停电等原因，都会造成在运行中的电梯突然停止。

6．关门障碍

电梯在关门过程中，门扇受到人或物体的阻碍，使门无法关闭。

## 二、电梯安全保护系统的组成

①超速（失控）保护装置：限速器、安全钳。

②超越上下极限工作位置保护装置：强迫减速开关、限位开关、极限开关，上述三个开关分别起到强迫减速、切断控制电路、切断动力电源三级保护。

③撞底（与冲顶）保护装置：缓冲器。

④层门、轿门门锁电气联锁装置：确保门不可靠关闭时电梯不能运行。

⑤近门安全保护装置：层门、轿门设置光电检测或超声波检测装置、门安全触板等，保证门在关闭过程中不会夹伤乘客或货物，关门受阻时，保持门处于开启状态。

⑥电梯不安全运行防止系统：轿厢超载控制装置、限速器断绳开关、安全钳误动作开关、轿顶安全窗和轿厢安全门开关等。

⑦供电系统断相、错相保护装置：相序保护继电器等。

⑧停电或电气系统发生故障时，轿厢慢速移动装置。

⑨报警装置：轿厢内与外联系的警铃、电话等。

⑩轿厢意外移动保护：电梯平层停梯，厅轿门开门状态下轿厢无指令移动。

除上述安全装置外，还会设置轿顶安全护栏、轿厢护脚板、底坑对重侧防护栏等设施。综上所述，电梯安全保护系统一般由机械安全装置和电气安全装置两大部分组成，但是机械安全装置往往也需要电气方面的配合和联动，才能保证电梯运行安全可靠。

## 三、电梯安全保护装置的动作关联关系

如图5-1所示，当电梯出现紧急故障时，分布于电梯系统各部位的安全开关被触发，切断电梯控制电路，曳引机制动器动作，制停电梯。当电梯出现极端情况如曳引绳断裂，轿厢将沿井道坠落，当到达限速器动作速度时，限速器会触发安全钳动作，将轿厢制停在导轨上。当轿厢超越顶、底层站时，首先触发强迫减速开关减速；如无效则触发限位开关使电梯控制线路动作将曳引机制停；若仍未使轿厢停止，则会采用机械方法强行切断电源，迫使曳引机断电并制动器动作制停。当曳引钢丝绳在曳引轮上打滑时，轿厢速度超限会导致限速器动作触发安全钳，将轿厢制停；如果打滑后轿厢速度未达到限速器触发速度，最终轿厢将触及缓冲器减速制停。当轿厢超载并达到某一限度时，轿厢超载开关被触发，切断控制电路，导致电梯无法启动运行。当安全窗、安全门、层门或轿门未能可靠锁闭时，电梯控制电路无法接通，会导致电梯在运行中紧急停车或无法启动。当层门在关闭过程中，安全触板遇到阻

力，则门机立即停止关门并反向开门，稍作延时后重新尝试关门动作，在门未可靠锁闭时电梯无法启动运行。

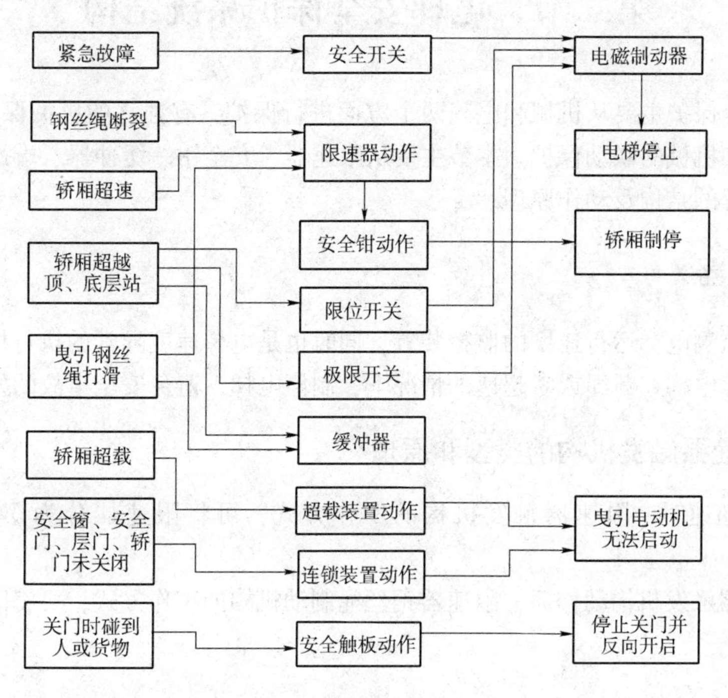


图 5-1　电梯安全系统关联

# 第二节　电梯安全保护系统结构

电梯的安全保护主要从机械和电气两个方面进行保护，有独立的机械保护、电气保护，同时也有电气和机械的联动保护。本节主要从限速器、安全钳、缓冲器、端站保护等方面分析机械保护装置的结构及动作原理。

## 一、限速器

限速器是监测电梯运行速度的监控装置，同时也是电梯速度异常的执行机构，与安全钳配套使用，保障电梯在断绳或者超速的情况下，制停电梯，避免安全事故的发生。

### （一）限速器触发机构的类型和原理

依据电梯超速时，限速器触发机构的工作方式，可将限速器分为摆锤式和离心式两类。

依据限速器触发机构动作后，限速器钢丝绳制动机构的工作方式，可将限速器分为摩擦式和夹持式两类。

1. 摆锤式限速器

摆锤式限速器的触发机构，是利用绳轮上的凸轮在旋转过程中与摆锤一端的滚轮接触，摆锤摆动的频率与绳轮的转速有关，当摆锤的振动频率超过某一预定值时，摆锤的棘爪进入制动轮的轮齿内，从而使限速器停止运转。在触发装置动作之前，限速器或其他装置上的一个电气安全保护装置会被触发机构触发，使电梯驱动主机停止运转（对于额定速度不大于 1 m/s 的电梯，最迟可与机械触发装置同时动作）。摆锤式限速器的结构及机械触发机构动作状态如图 5－2 和图 5－3 所示。

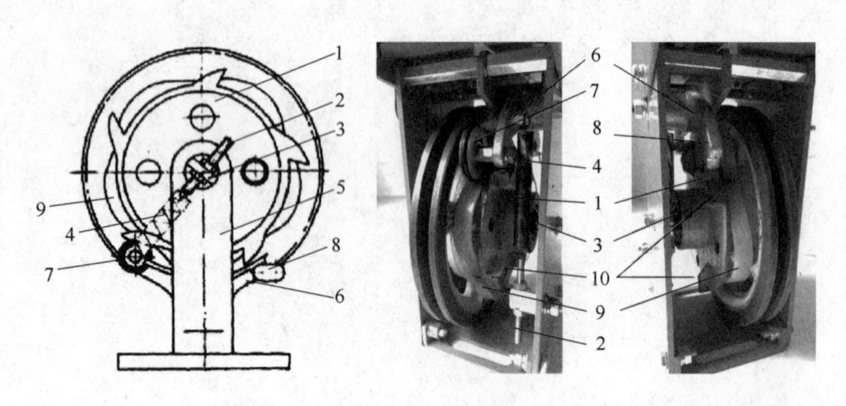


图 5－2　摆锤式限速器

1—制动轮；2—拉簧调节螺钉；3—制动轮轴；4—调速弹簧；5—支承座；6—摆锤摆杆；7—摆锤滚轮；8—摆锤棘爪；9—凸轮；10—制动轮轮齿

图5-3 机械触发机构动作状态

2. 离心式限速器

离心式限速器，根据触发机构离心力作用的转轴和平面，可分为垂直轴甩球式和水平轴甩块式两种。

（1）垂直轴甩球式限速器

垂直轴甩球式限速器相对比较少见，其结构和电气触发动作状态如图5-4和图5-5所示。

①限速器钢丝绳通过绳轮带动伞齿轮Ⅱ旋转，再通过伞齿轮Ⅰ将水平轴上的旋转转换为垂直轴上的旋转，驱动垂直转轴。

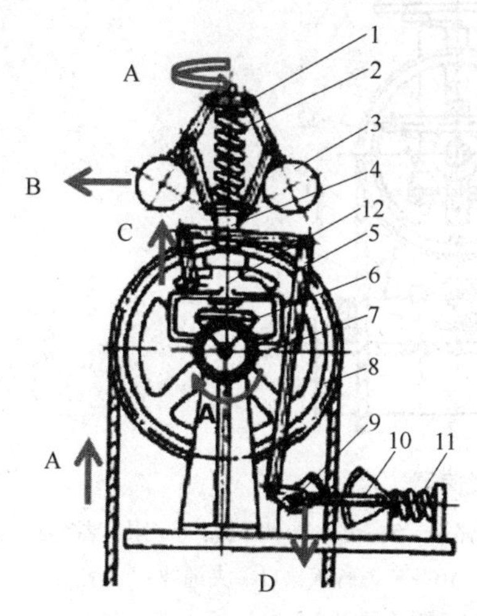


图5-4 垂直轴甩球式限速器

1—垂直转轴；2—转轴弹簧；3—抛球；4—活动套；5—杠杆；6—伞齿轮Ⅰ；7—伞齿轮Ⅱ；8—绳轮；9—夹绳块Ⅰ；10—夹绳块Ⅱ；11—压缩弹簧；12—动作机构

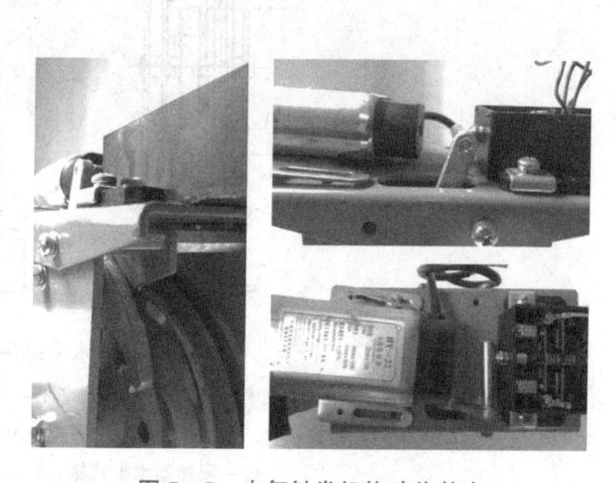

图5-5 电气触发机构动作状态

②离心甩球在弹簧的牵制下，随着速度加快远离旋转中心。

③离心甩球在远离垂直转轴的过程中，通过连接杆将动作机构向上提升，当到达电气开关触板后使电气触点断开，切断电气安全回路。

④如果因断绳等严重故障，制动器无法使轿厢停止，轿厢速度进一步加快，限速器的甩球继续甩开，动作机构进一步向上提升，并由此驱动杠杆，使夹绳块Ⅰ掉下，在限速器绳与夹绳块摩擦自锁作用下，可靠地夹住钢丝绳。为了使钢丝绳不被夹扁，夹紧力由一根压缩弹簧调节。

（2）水平轴甩块（片）式限速器

水平轴甩块（片）式限速器目前应用比较广，结构也比较多样化。常见的中低速乘客电梯中使用的绝大多数为水平甩块（片）式限速器。

①一种水平轴甩块式限速器的结构和原理如图5－6所示。

a. 限速器钢丝绳带动绳轮旋转；

b. 通过弹簧牵制的离心甩块在旋转中随着速度加快远离旋转中心；

c. 到达电气开关触板后使电气触点断开，切断电气安全回路，通过制动器抱闸使电梯停止运行；

d. 如果因断绳等严重故障，制动器无法使轿厢停止，轿厢速度进一步加快，限速器的甩块继续甩开，触及限速器机械动作的触板；

e. 夹绳块掉下，在限速器绳与夹绳块摩擦自锁作用下，可靠地夹住钢丝绳。为了使钢丝绳不被夹扁，夹紧力由一根压缩弹簧调节。

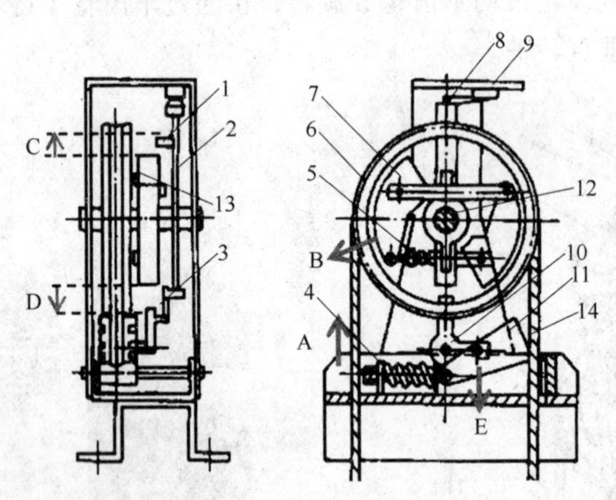


图5－6　水平轴甩块式限速器

1—开关打板碰铁；2—开关打板；3—夹绳打板碰铁；4—夹绳钳弹簧；5—离心重块弹簧；6—限速器绳轮；7—离心重块；8—电气开关触点；9—电气开关底座；10—夹绳打板；11—夹绳块；12—限速器水平转轴；13—拉簧；14—限速器绳

②另一种水平轴甩块式限速器的结构如图5－7所示。

这种夹持式限速器，当轿厢超速达到限速器的机械动作速度时：

a. 限速器钢丝绳带动绳轮旋转，离心甩块在旋转中克服弹簧的牵制，随着速度加快远离旋转中心；

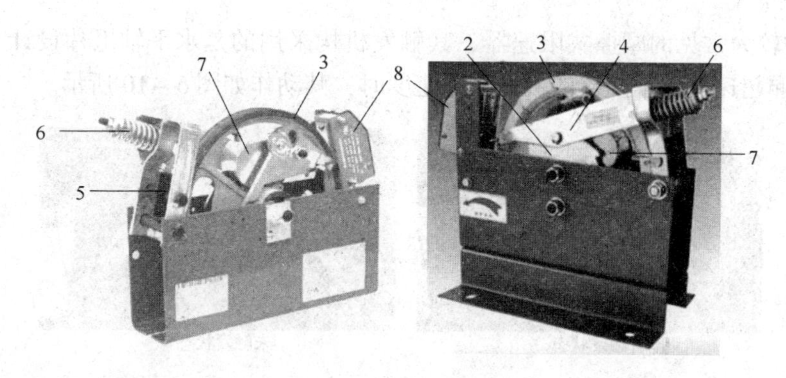


图 5－7 夹持式限速器

1—棘爪；2—棘轮；3—绳轮；4—夹绳块连杆；5—夹绳块；6—夹绳机构复位弹簧；7—甩块；8—电气安全开关

b. 离心甩块在离开旋转中心过程中，通过其自身连杆触动棘爪释放机构的螺柱顶杆，将棘爪释放；

c. 棘爪释放后，在自身弹簧力的作用下，进入制动轮轮齿；

d. 通过钢丝绳驱动绳轮带动棘齿，将制动轮向逆时针方向转动；

e. 制动轮在棘齿的推动下，通过销轴将夹绳块连杆向前推动；

f. 夹绳机构在制动轮的驱动下，使夹绳块压住限速器钢丝绳。

## （二）限速器制动机构的类型和原理

依据限速器触发机构动作后，限速器钢丝绳制动机构的工作方式，可将限速器分为摩擦式和夹持式两类。

1. 摩擦式限速器

按照限速器钢丝绳制动机构的工作方式，可以将限速器分为摩擦（或曳引）式和夹持（或夹绳）式两种。摩擦式限速器在电梯超速引起触发机构工作后，触发机构与制动机构联动，对绳轮进行制动。利用绳轮与钢丝绳之间的摩擦力，通过使绳轮停止旋转，实现限速器钢丝绳的制动。因而这类限速器上没有直接对钢丝绳进行制动的夹绳机构。

①绝大多数摆锤式触发机构的限速器，由于其触发机构较为简单，因此均不再另行设计夹绳机构，多为直接对绳轮进行制动，如图 5－8 所示。

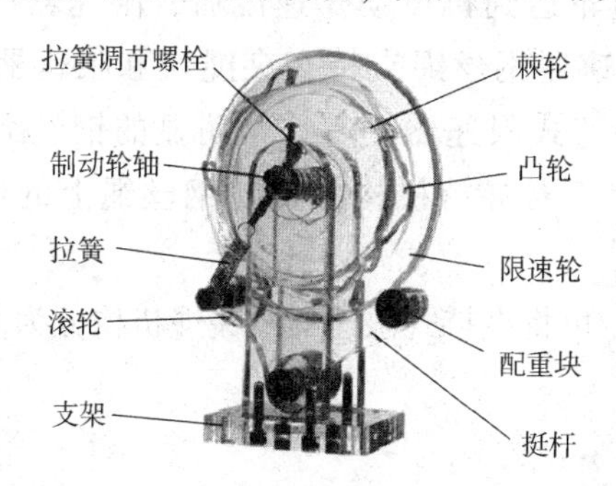

图 5－8 摩擦式限速器（摆锤式触发机构）

②另一种较为常见的摩擦式限速器，其触发机构采用的是水平轴甩片设计（如图 5－9 所示），当轿厢超速达到限速器的机械动作速度时，其动作如图 5－10 所示。

触发状态

未触发状态

图 5－9　摩擦式限速器（水平轴甩片式触发机构）

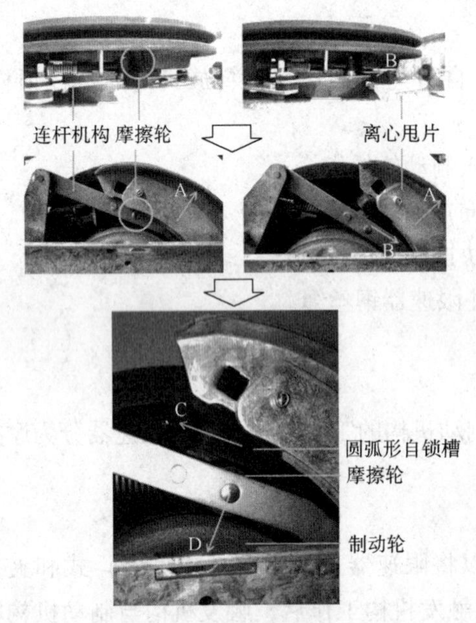


图 5－10　摩擦式限速器动作

a. 限速器钢丝绳带动绳轮旋转，离心甩片在旋转中克服弹簧的牵制，随着速度加快远离旋转中心；

b. 离心甩片在旋转离开中心过程中，通过其自身连杆使摩擦轮运动进入圆弧形自锁槽内；

c. 摩擦轮进入圆弧形自锁槽后，逐步与绳轮上的自锁槽和制动轮接触，由于绳轮和制动轮之间存在相对转动，自锁槽会对摩擦轮施加向心的压力，使之与制动轮之间产生摩擦力；

d. 随着绳轮与制动轮之间的相对转角进一步变大，自锁槽对摩擦轮向心方向上施加进一步的压迫，绳轮与制动轮之间的相对位移越大，摩擦轮与制动轮之间的摩擦力越大，形成自锁效应，使绳轮停止转动。

2. 夹持式限速器

与摩擦式不同，夹持式限速器在绳轮达到机械动作速度后，限速器的制动（夹持）机构直接压紧到限速器钢丝绳上，将限速器钢丝绳夹持在夹绳块和限速器绳轮之间，使钢丝绳停止运行，如图 5－11 所示。夹持式限速器上有非常明显的钢丝绳夹持机构。通常夹持机构上还会设计有压缩弹簧，用于对夹持机构施加在钢丝绳上的压力进行调节，或用于限速器的机械机构的自动复位。

根据夹绳机构压缩弹簧的机械功能，可将夹持式限速器的夹绳机构分为复位弹簧式和夹绳弹簧式两种。

（1）复位弹簧式夹绳机构

这种夹绳机构的夹持式限速器，当电梯超速运行使限速器动作时，触发机构通过各机械部件（如销轴、连杆、棘齿与制动轮等），利用钢丝绳与绳轮的摩擦力进行驱动，使夹绳机构上的压缩弹簧产生压缩。而当限速器进行复位时，夹绳机构能够在压缩弹簧的弹力驱动下自动复位至初始位置。

前述水平轴甩块式触发机构的夹绳器结构如图 5－12 所示。当触发机构的摆臂驱动夹绳块向下运动时（a 方向），由于摆臂的驱动销轴与夹绳块销轴不同轴，对二者运动方向进行合成可见，此时夹绳块销轴会沿 a 方向运动，对复位弹簧产生进行压缩。

前述另一种水平轴甩块式触发机构的夹绳器如图 5－13 所示。当夹绳机构在制动轮销轴的驱动下，沿 a 方向产生位移时，由于夹绳机构销轴的自由度限制，使得夹绳块只能够绕该销轴进行圆周运动。此时连杆和摆臂在各自销轴的约束下，分别沿 b 方向和 c 方向运动，对夹绳机构连杆和摆臂交接处的运动进行分析可见，其合成运动方向为 d。如果连杆和摆臂交接处沿合成方向 d 运动，则连杆和摆臂连接处下方会形成反方向运动，导致间距 *s* 变大，引起复位弹簧压缩，如图 5－14 所示。

图 5－11　夹持式限速器动作

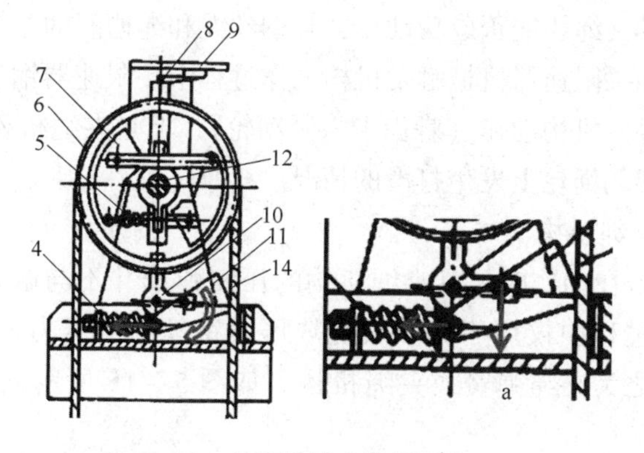


图 5－12　复位弹簧式夹绳机构（1）

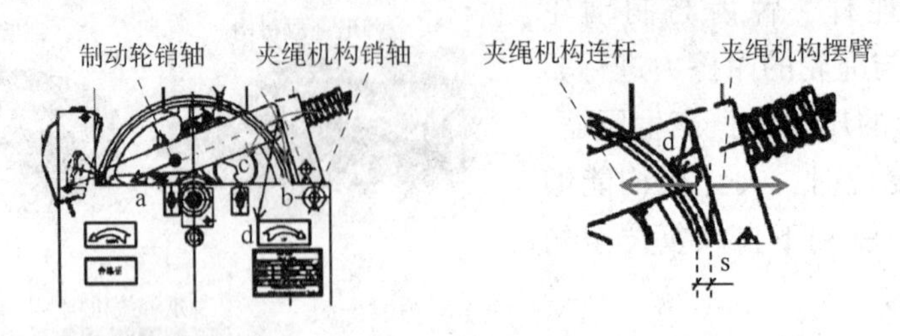


图 5-13　复位弹簧式夹绳机构（2）

图 5-14　复位弹簧压缩

复位弹簧式夹绳机构中，夹绳块必须在一定驱动力的作用下才能接触到限速器钢丝绳，这能够在一定程度上防止夹绳块在遇到振动时被错误触发夹住钢丝绳。同时当夹绳块完全压紧在钢丝绳上时，夹绳块对钢丝绳的压力大小，由压缩弹簧的压缩行程决定。由于压缩弹簧的弹力不仅在夹绳块动作过程中用于提供夹绳块压紧钢丝绳时的压力，还在夹绳机构复位过程中起到复位力的作用，因而称之为复位弹簧式夹绳机构。

需要注意的是，由于限速器机械触发机构动作时，夹绳块需要依靠钢丝绳与绳轮间的摩擦力拉动，克服复位弹簧的弹力（弹力会随着夹绳块的夹持运动逐步增加），驱动夹绳块压住限速器钢丝绳，因而在夹绳机构动作过程中，限速器钢丝绳与绳轮间的摩擦力需要始终大于复位弹簧的弹力，方能使夹绳块持续下落，直至触碰钢丝绳后产生自锁，最终使夹绳块完全压紧钢丝绳。

这类夹绳机构，其夹绳块能否成功动作，与钢丝绳和绳槽间的摩擦力、夹持弹簧的弹力大小有着直接关系。如果限速器机械触发机构动作过程中，限速器钢丝绳与绳轮的摩擦力不足，就会出现限速器触发机构动作（棘齿卡入制动轮），但是夹绳机构无法夹住钢丝绳，限速器钢丝绳在停止旋转的绳轮上发生打滑的情况。

（2）夹绳弹簧式夹绳机构

这种夹持式限速器在动作时，其夹绳机构的压缩弹簧并不与触发机构产生刚性连接，并且在夹绳机构动作过程中仅用于调节夹绳块压紧钢丝绳的压力，并不用于限速器夹绳机构的复位，因此称之为夹绳弹簧式夹绳机构。如图 5-15 所示两种夹持式限速器均为此种类型。

夹绳弹簧式夹绳机构在动作过程中，钢丝绳和绳槽间的摩擦力无须克服夹持弹簧的弹力，夹绳块的动作与钢丝绳和绳槽间的摩擦力、夹持弹簧的弹力无关。

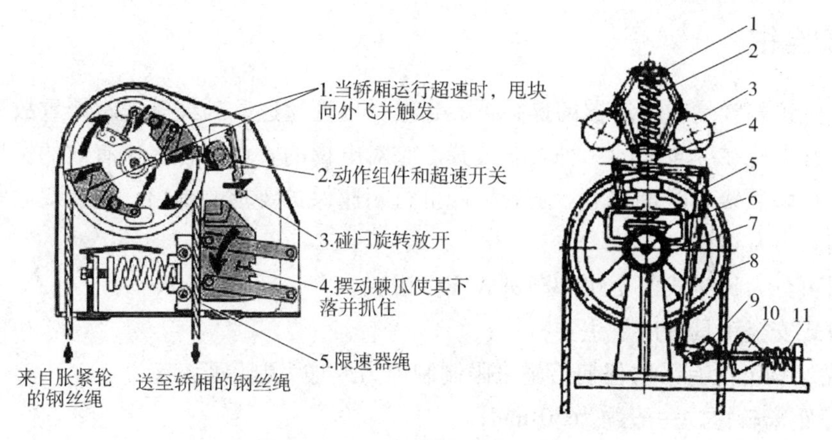


图 5－15　夹绳弹簧式夹绳机构

## (三) 电气安全触点的类型和原理

所谓电气安全触点，就是能够满足《低压开关设备和控制设备总则》（GB/T 14048.1—2000）中“肯定断开操作的要求”，即“按规定要求，当操动器位置与开关电器的断开位置相对应时，能保证全部主触头处于断开位置的断开操作”。

电梯的安全部件，如门锁、安全钳、限速器、限速器张紧装置、极限开关、缓冲器等，均要求通过电气安全装置对机械动作状态进行电气验证。而安全触点是构成电气安全装置的基本元件，是执行电气验证的检测装置，如图 5－16 所示。

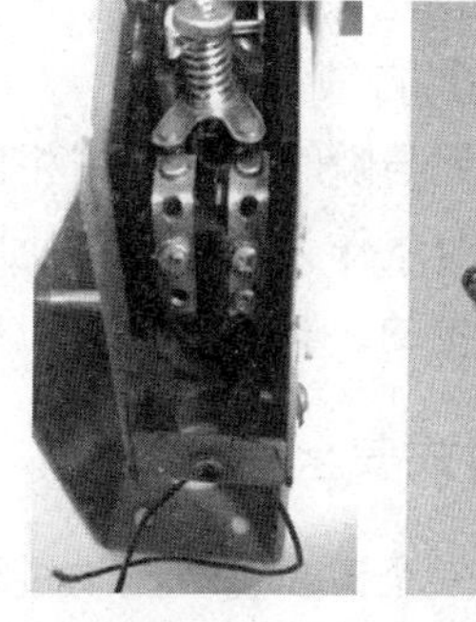
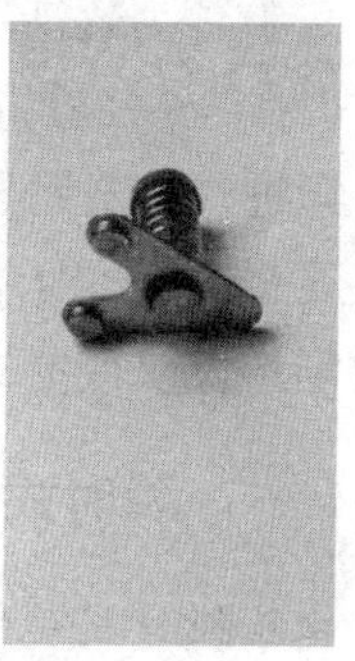

图 5－16　限速器电气安全开关上的安全触点

安全触点为动断触点，也即在正常工作状态下处于闭合状态，只有当电梯处于有可能发生危险时才动作断开，而安全触点在动作时，应当由机械装置将其可靠地断开，甚至两触点发生烧蚀粘连时，只要安全部件的机械机构触发动作，则应能够驱动安全触点也强制断开。

通常情况下，安全触点有动触点、静触点和操控部件构成。静触点始终保持静止状态，动触点由驱动机构推动。当动、静触点在接触的初始状态时，两个触点间产生一个初始的接触力；随着驱动机构的推进，当动、静触点间将产生最终接触力时，这个接触力保证触点在受压状态下具有良好的接触，直至推动到位为止。在这个过程中，触点始终在受压状态下工作。安全触点动作时，两点断路的桥式触点有一定行程余量，断开时应能可靠断开。驱动机构动作时，必须通过刚性元件迫使触点断开。此外，安全触点还应具备符合要求的电气间隙、爬电距离、分断距离、绝缘特性等。

## 二、安全钳

电梯安全钳装置是在限速器的操纵下，当电梯出现超速、断绳等非常严重故障后，将轿厢紧急制停并夹持在导轨上的一种安全装置。它对电梯的安全运行提供有效的保护作用，一般将其安装在轿厢架或对重架上。随着轿厢上行超速保护要求的提出，现在双向安全钳也有较多的使用。

安全钳可分为瞬时式安全钳和渐进式安全钳。

①瞬时式安全钳具有以下主要特征：

a. 产品结构上没有采取任何措施来限制制停力或加大制停距离；

b. 制停距离较短，一般约为 30 mm；

c. 制停力瞬时持续增大到最大值；

d. 制停后满足自锁条件。

②渐进式安全钳具有以下主要特征：

a. 产品结构上采取了限制制停力的措施；

b. 制停距离较长；

c. 制停力逐渐增大到最大值；

d. 制停后满足自锁条件。

渐进式安全钳与瞬时式安全钳相比，在制动组件和钳体之间设置了弹性组件，有些安全钳甚至将钳体本身就作为弹性组件使用，在制动过程中靠弹性组件的作用，制动力是有控制地逐渐增大或恒定的。其制动距离与被制停的质量及安全钳开始动作时的速度有关。

### （一）瞬时式安全钳

由于瞬时式安全钳在整个制动过程中，制动组件的行程不受到任何限制，直至轿厢制停为止，因此其制动力瞬时急剧增大，对轿厢会造成很大的冲击。滚柱式瞬时安全钳的制停时间在 0. 1 s 左右，而楔块式瞬时式安全钳的瞬时制停力最高时的脉冲宽只有 0. 01 s 左右。整个制停距离也只有几十毫米，乃至几个毫米。轿厢的最大制停减速度在 $5g_n \sim 10g_n$，甚至更大。因此，瞬时式安全钳只能适用于额定速度不超过 0. 63 m/s 的电梯上，但对于速度不超过 1 m/s 电梯的对重侧，也允许使用瞬时式安全钳。

按照制动组件的不同形式，一般可将瞬时式安全钳分成以下三种。

1. 楔块式瞬时式安全钳

这种安全钳一般都有一个厚实的钳体，配有一套制动组件和提拉机构，钳体或者盖板上开有导向槽，钳体开有梯形内腔。每根导轨分别由两个楔块夹持（双楔型），也有单楔块的瞬时式安全钳。

2. 滚柱式瞬时式安全钳

这种安全钳常用在低速重载的货梯上，当安全钳动作时，相对于钳体而言，淬硬的滚花钢制滚柱在钳体楔形槽内向上滚动，当滚柱贴上导轨时，钳体就在钳座内做水平移动，这样就消除了另一侧的间隙。

目前在国内市场上，常见的瞬时式安全钳只有楔块式瞬时式安全钳和滚柱式瞬时式安全钳两种，如图 5－17 所示。所谓除不可脱落滚柱式以外的瞬时式安全钳，一般是指楔块式瞬时式安全钳。

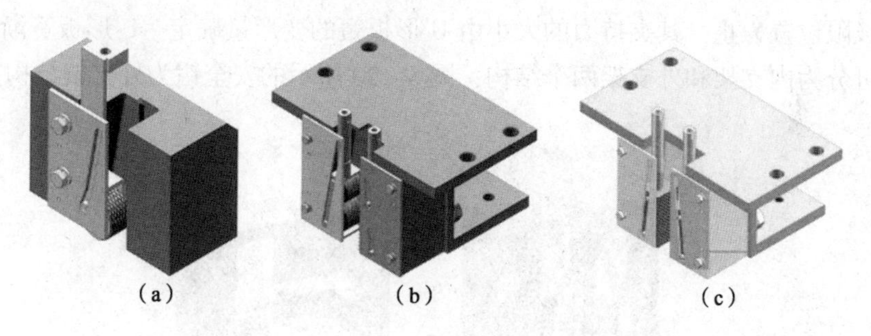


图 5－17　滚柱式安全钳和楔块式安全钳

（a）单滚柱瞬时式安全钳；（b）双滚柱－单楔块瞬时式安全钳；（c）双楔块瞬时式安全钳

滚柱式安全钳与楔块式安全钳结构如图 5－18 所示。

3. 偏心块式瞬时式安全钳

如图 5－19 所示，偏心块式瞬时式安全钳的制动组件由两个硬化钢制成的带有半齿的偏心块组成。它有两根联动的偏心块连接轴，轴的两端用键与偏心块相连。

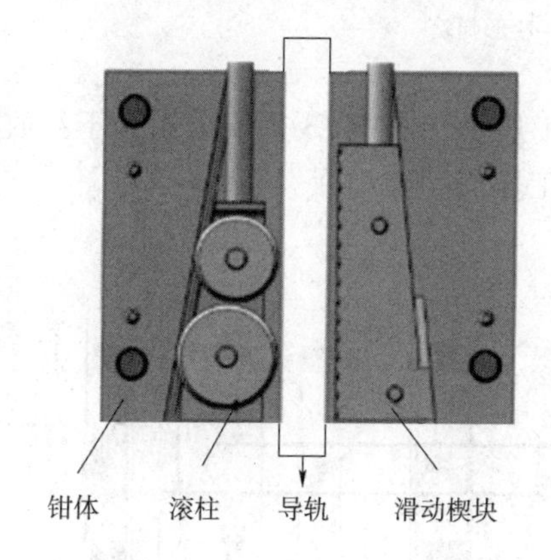


图 5－18　滚柱式安全钳与楔块式安全钳结构

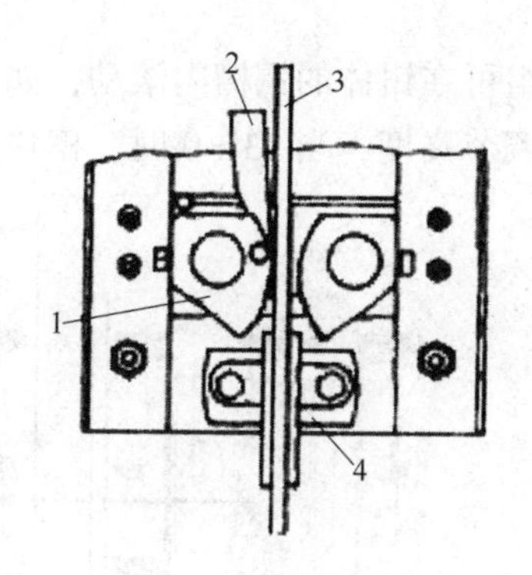


图 5－19　偏心块式瞬时式安全钳

1—偏心轮；2—提拉杆；3—导轨；4—导靴

当安全钳动作时，两个偏心块连接轴相对转动，并通过连杆使四个偏心块保持同步动作。偏心块的复位由一弹簧来实现，通常在偏心块上装有一根提拉杆。

应用这种类型的安全钳，偏心块卡紧导轨的面积很小，接触面的压力很大，动作时往往使齿或导轨表面受到破坏，因此这种产品在国内已经很少生产。

## （二）渐进式安全钳

渐进式安全钳根据其弹性元件的类型，一般分为 U 形板簧、碟形弹簧、扁条板簧、π 形弹簧、螺旋弹簧等几种。

1. U形板簧渐进式安全钳

如图5－20所示，弹性组件为U形板簧，制动组件为两个楔块，楔块背面有滚柱排。其钳座是由钢板焊接而成的，钳体是由U形板簧制成的。楔块被提住并夹持导轨后，钳体张开直至楔块行程的极限位置为止，其夹持力的大小由U形板簧的变形量确定。U形板簧渐进式安全钳根据其结构可分为内支架和外支架两个结构，图5－20所示的安全钳为外支架结构。

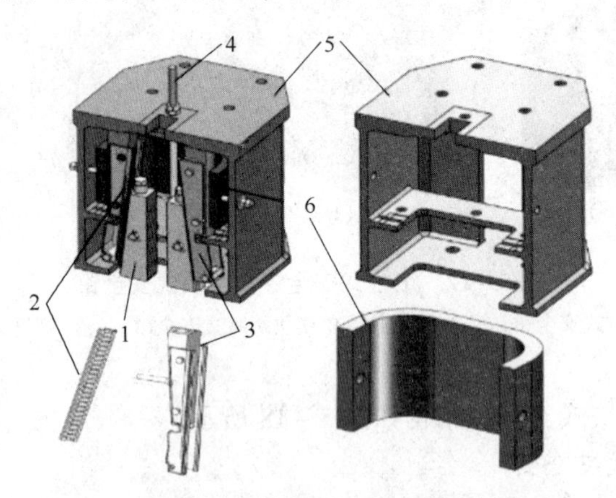


图5－20　U形板簧渐进式安全钳

1—楔块；2—滚柱；3—滚柱保持架；4—提拉杆；
5—钳座；6—U形弹簧

滚柱组可在钳体的钢槽内滚动，如图5－21所示，图中$L3$为安全钳处于释放状态下时，楔块的可调节高度，当$L3=0$时，楔块与导轨工作面间隙为0。

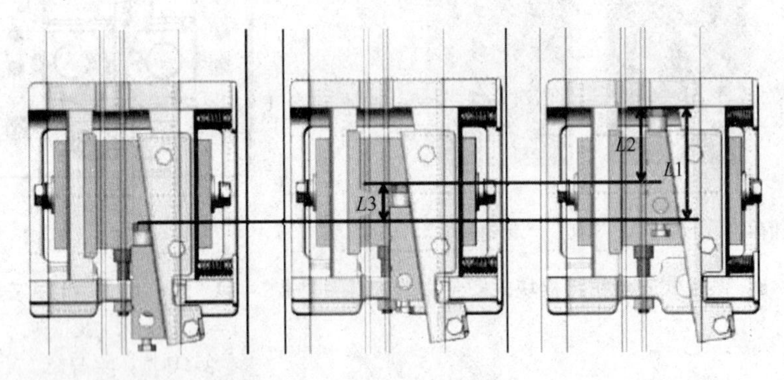


图5－21　滚柱体滚动示意图

当提拉杆提住楔块时，相对于钳体而言，楔块在滚柱组与导轨之间运动；当楔块与导轨面接触后，楔块继续上滑距离$L2$，一直到限位板后停止。此时楔块夹紧力达到预定的最大值，形成一个不变的制动力，使轿厢以较低的减速度平滑制动。最大夹紧力可由钳臂尾部的碟形弹簧预定的行程设定。

2. 碟形弹簧渐进式安全钳

蝶形弹簧的截面是锥形的，可以承受静载荷或交变载荷，其特点是在最小的空间内以最大的载荷工作。由于其组合灵活多变，因此在渐进式安全钳中得到了较广泛的应用。

如图 5－22 所示，弹性组件为碟形弹簧，制动组件为两个楔块，楔块背面有排列的滚柱。

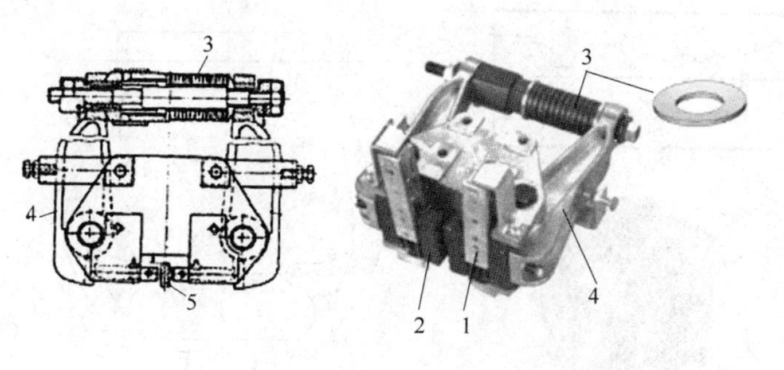

单楔块碟形弹簧渐进式安全钳

图 5－22　碟形弹簧渐进式安全钳

1—滚柱组；2—楔块；3—碟形弹簧组钳座；4—钳臂；5—导轨

3. 扁条板簧渐进式安全钳

扁条板簧是较特殊的安全钳弹性组件，因其自身既是弹性组件又是导向组件，因此在渐进式安全钳的使用中对其强度要求较高。如图 5－23 所示，钳体的斜面由一个扁条弹簧代替，形成一个滚道，供表面已被淬硬的钢质滚花滚柱在其上面滚动，提拉杆直接提住滚柱触发安全钳动作。提拉杆提住滚柱后，滚柱与导轨接触，并楔入导轨与弹簧之间。施加到导轨上的压力可由扁条弹簧控制。由于滚柱与导轨的接触面积小，接触应力较大，因而要求扁条弹簧的刚度不应过高，以避免过大的接触应力导致导轨的损坏。

还有部分扁条弹簧安全钳的弹性元件的外形出现一定的变化，形成 C 形弹簧的结构，如图 5－24 所示，原则上也可以视为扁条弹簧安全钳的一种。

图 5－23　扁条板簧渐进式安全钳

图 5－24　C 形弹簧渐进式安全钳

4. π 形弹簧渐进式安全钳

如图 5－25 所示，钳体上开有数个贯通的孔，产品外形如一个字母“π”，钳体本身也就自然成了弹性组件。制动组件为楔块，左边的为固定楔块，右边楔块为动楔块。提拉杆提住右边的动楔块与导轨接触时，安全钳就会可靠地夹在导轨上了。

5. 螺旋弹簧渐进式安全钳

如图 5－26 所示，螺旋弹簧渐进式安全钳的特点是可以承受较大的载荷。由于圆柱螺旋弹簧的尺寸较大，其在小吨位渐进式安全钳中的应用已逐渐减少。

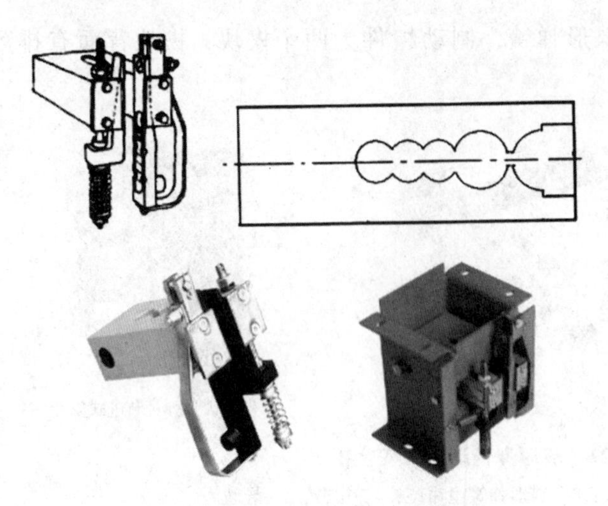

图5-25　π形弹簧渐进式安全钳

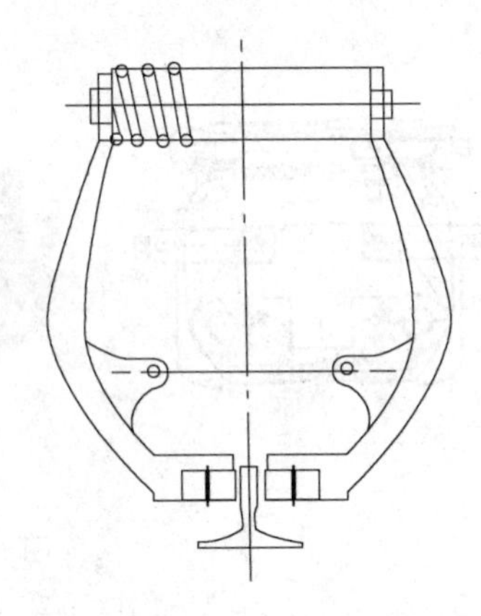

图5-26　螺旋弹簧渐进式安全钳

### （三）制动元件的结构形式

根据楔块、滚柱等制动元件相对于导轨的布置方式，可以将前面所述的各类安全钳区分为对称式、非对称式和非对称浮动式三种，如图5-27～图5-29所示。

（1）对称式

通常安装于下梁下方，此类型的渐进式安全钳的弹性元件一般采用U形弹簧，其余零部件相对于导轨呈对称布设。

（2）非对称式

通常安装于立梁内部或下梁下方，此类型的渐进式安全钳的弹性元件一般采用碟形弹簧或者扁片弹簧或C形弹簧，其余零部件相对于导轨呈非对称布设。但该类非对称安全钳动作时，导靴受到横向载荷，从而轿厢将会发生横向偏移，动作时对导靴有一定的影响，其性能也与导靴的刚度、轿厢偏载有关。

（3）非对称浮动式

此类型的渐进式安全钳采用了第一类的U形弹簧弹性元件，通过增加辅助结构（如压缩弹簧），促使安全钳动作时U形弹簧能够带动楔块在钳座上产生一定的左右浮动，从而避免了非对称式安全钳工作时轿厢产生横向偏移的缺点，导靴也不会受到明显横向载荷。

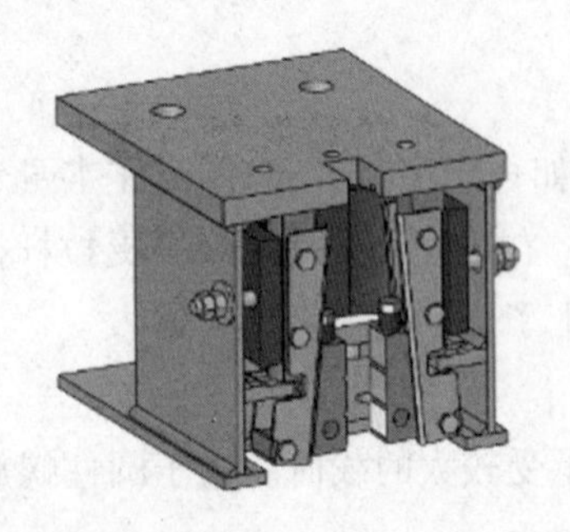

图5-27　对称式安全钳

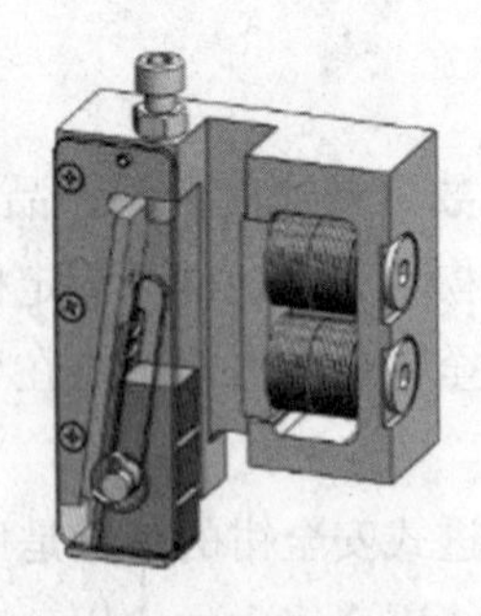

图5-28　非对称式安全钳

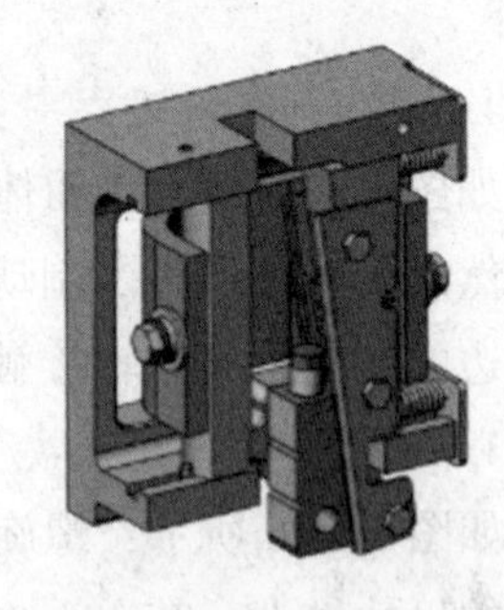

图5-29　非对称浮动式安全钳

## （四）安全钳联动机构的结构形式

为了确保安全钳制动过程中轿厢和对重的左右受力平衡，安全钳需要成对的安装在轿厢底部或对重底部，使两侧安全钳制动时轿架受力均衡，防止轿架和轿厢承受过大的偏载力。

同样地，当轿厢或对重超速引起限速器动作、使限速器钢丝绳停止运动后，限速器钢丝绳需要将两侧安全钳楔块同时提起。由于楔块制动时的力量很大，如果两侧安全钳楔块出现先后动作的情况，在楔块提前制动的那一瞬间，引起单侧轿架承受较大的偏载力，使轿架、轿厢发生扭曲变形。

为了使一对安全钳能够严格地同时联动、提起，需要在两侧安全钳之间设置专用的联动机构，联动机构连接了限速器钢丝绳处的安全钳提拉机构和两侧安全钳上的制动元件。

1. 根据安全钳联动机构布置方式，可以分为分体式和一体式

（1）分体式联动机构

分体布置的安全钳联动机构，其联动转轴安装在独立的钢梁上，联动机构与楔块之间通过楔块提拉杆连接传动。分体布置根据提拉机构所安装的钢梁位置，又可以分为轿顶梁联动机构和轿底梁联动机构两种。如图 5 - 30 和图 5 - 31 所示的两种分体式联动机构，其工作过程如下所述：

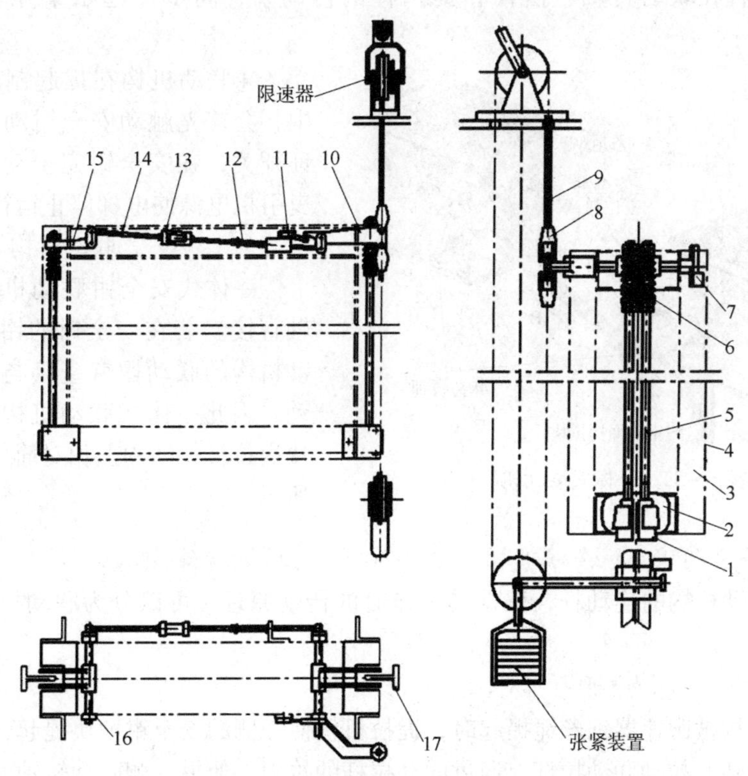


图 5 - 30　轿顶梁分体式联动机构

1—楔块；2—钳座；3—轿厢；4—轿架；5—楔块提拉杆；6—提拉杆复位弹簧；7—联动拉杆安装支架；8—钢丝绳提拉块；9—限速器钢丝绳；10—提拉摆臂；11—安全钳动作状态电气验证开关；12—安全钳复位弹簧；13—联动拉杆长度调节机构；14—联动拉杆；15—联动摆臂；16—联动转轴；17—导轨

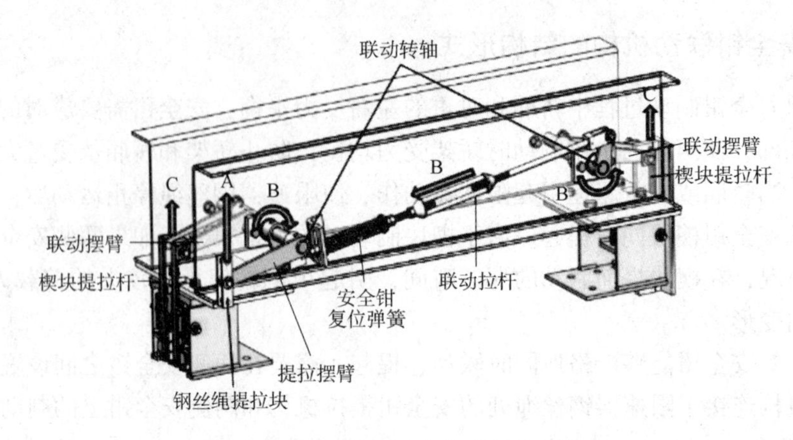


图 5－31　轿底梁分体式联动机构

①当限速器钢丝绳停止运动时，安全钳提拉机构向上提起联动机构；

②提拉机构使一侧的安全钳楔块提起，同时驱动该侧的联动转轴旋转，拉动联动拉杆，通过联动拉杆的拉力，使另一侧联动转轴发生旋转，提起楔块；

③制动元件在联动转轴、摆臂和提拉杆的传动下，同步提起贴紧导轨工作面进行制动；

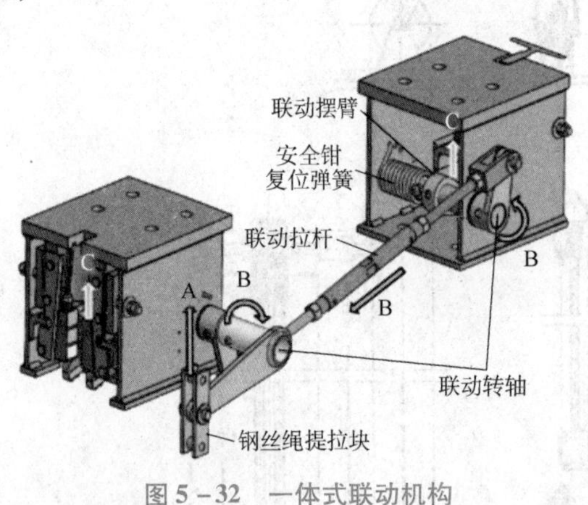


图 5－32　一体式联动机构

④联动机构在提起制动元件的过程中，会首先触动安全钳动作状态电气验证开关，在安全钳完全动作之前，切断曳引机电源使电梯停止运行。

（2）一体式联动机构

一体式安全钳联动机构，其联动转轴直接安装在安全钳的钳座上。由于联动机构的联动摆臂直接与楔块连接并传动，因此一体式联动机构上往往没有楔块提拉杆，结构上相对简单。如图 5－32 所示。

2. 根据安全钳联动拉杆的工作原理，可以分为拉杆式和扭杆式

安全钳联动机构的连动杆，根据其工作时的传动原理，可以分为联动拉杆和联动扭杆两种。

（1）联动拉杆工作原理

当提拉机构被限速器钢丝绳提起时，提拉机构使一侧的安全钳楔块提起，同时驱动该侧的联动转轴旋转，拉动联动拉杆，通过联动拉杆的拉力，使另一侧联动转轴发生旋转，提起楔块。

为了使两侧安全钳同步提起，联动拉杆应工作在拉力状态下（而非推力状态下），以避免拉杆在推力状态下工作，两端受力挤压使拉杆发生形变，引起两侧安全钳动作不同步。如图 5－33 所示。

（2）联动扭杆工作原理

如图 5 - 34 和图 5 - 35 所示的扭杆式联动机构，其工作过程如下所述：

①当限速器钢丝绳停止运动时，安全钳提拉机构向上提起联动机构；

②提拉机构使一侧的安全钳楔块提起，同时驱动联动扭杆发生旋转，通过联动扭杆的扭力传动，使另一侧联动摆臂发生旋转，提起楔块；

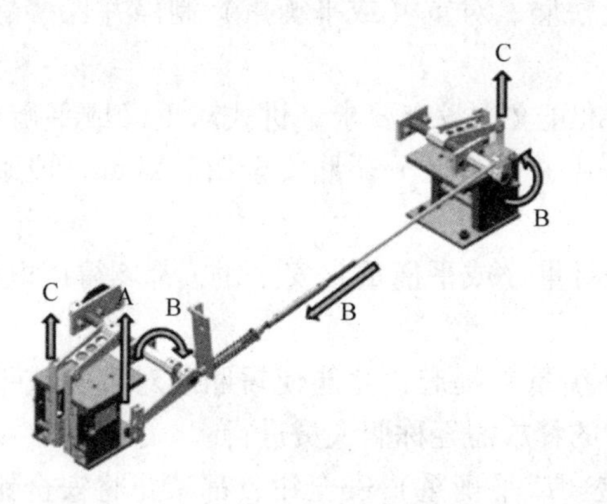


图 5 - 33　联动拉杆工作在拉力状态下

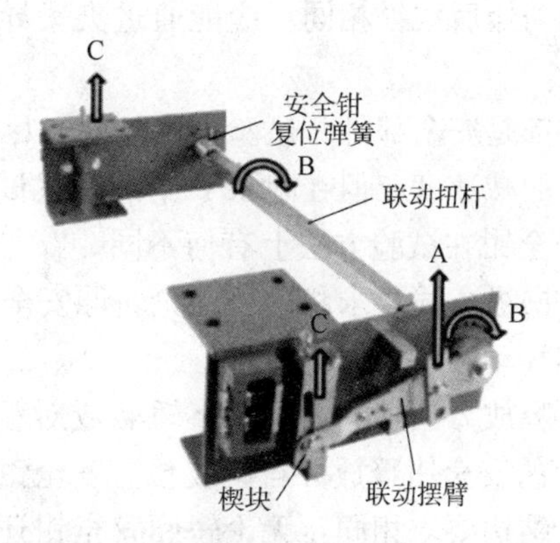


图 5 - 34　扭杆式联动机构（一体式）

③制动元件在各自的联动扭杆和摆臂的传动下，同步提起贴紧导轨工作面进行制动；

④联动机构在提起制动元件的过程中，会首先触动安全钳动作状态电气验证开关，在安全钳完全动作之前，切断曳引机电源使电梯停止运行。

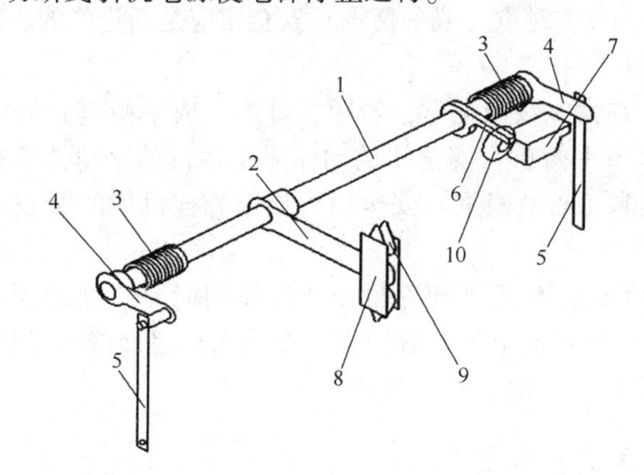


图 5 - 35　扭杆式联动机构（分体式）

1—联动扭杆；2—提拉摆臂；3—安全钳复位弹簧；4—联动摆臂；5—楔块提拉杆；6—触发碰铁

7—安全钳动作状态电气验证开关；8—钢丝绳提拉块；9—限速器钢丝绳；10—开关触头

扭杆式联动机构的机械结构相对简单，但是对扭杆的刚性有一定的要求。如果扭杆的刚性较差，在楔块提起接触导轨的过程中，非提拉机构侧楔块的提拉阻力会使扭杆产生一定的扭转，扭杆发生扭转变形的过程虽然很短暂，但是会导致非提拉机构侧楔块的提起速度略慢于提拉机构侧楔块，引起两侧楔块提起高度不同、制动力不同，使轿架承受较大的偏载力甚至是冲击力。

### (五) 轿厢安全钳和对重安全钳的比较

1. 相同之处

①动作条件相同：无论轿厢安全钳还是对重（或平衡重）安全钳，都要求只能其下行时动作。

②动作后效果相同：应能通过夹紧导轨而使轿厢、对重（或平衡重）制停并保持静止状态。

③都是安全部件，试验方法相同：尽管在标准正文中没有要求渐进式对重（或平衡重）安全钳的减速度，但在附录F中的型式试验过程中并没有区分轿厢安全钳和对重（或平衡重）安全钳在试验方法上有何不同。

④操纵方式要求相同：无论轿厢安全钳还是对重（或平衡重）安全钳，都不得用电气、液压或气动装置来操纵。

⑤释放方法相同：只有将轿厢或对重（或平衡重）提起，才能使轿厢或对重（或平衡重）上的安全钳释放并自动复位。安全钳动作后的释放需经称职人员进行。

⑥结构要求相同：无论轿厢安全钳还是对重（或平衡重）安全钳，都禁止将安全钳的夹爪或钳体充当导靴使用。同时，如果安全钳是可调节的，则其调整后应加封记。

2. 不同之处

①额定速度不同时选择的安全钳的型式不同：电梯额定速度大于0.63 m/s，轿厢应采用渐进式安全钳，否则可以采用瞬时式安全钳。

若额定速度大于1 m/s，对重（或平衡重）安全钳应是渐进式的，其他情况下，可以是瞬时式的。

②控制方法不同：在大多数情况下，轿厢、对重（或平衡重）安全钳的控制方法是相同的，即轿厢和对重（或平衡重）安全钳的动作应由各自的限速器来控制。但若额定速度小于或等于1 m/s，对重（或平衡重）安全钳可借助悬挂机构的断裂或借助一根安全绳来动作。

③在电气验证方面要求不同：当轿厢安全钳作用时，装在轿厢上面的一个符合GB 7588—2009中14.1.2的要求的电气装置应在安全钳动作以前或同时使电梯驱动主机停转。但对于对重（或平衡重）安全钳没有这个要求。

### (六) 安全钳的其他安全要求

1. 安全钳通则

①轿厢应装有能在下行时动作的安全钳，在达到限速器动作速度时，甚至在悬挂装置断裂的情况下，安全钳应能夹紧导轨使装有额定载重量的轿厢制停并保持静止状态。

根据轿厢上行超速保护装置的要求，上行动作的安全钳也可以使用。

注：安全钳最好安装在轿厢的下部。

轿厢安全钳装置是当轿厢超速下行（包括钢丝绳全部断裂的极端情况）时，为防止对轿厢内的乘客造成伤害，能够将电梯轿厢紧急制停夹持在导轨上的安全保护装置。其动作是靠限速器的机械动作带动一系列相关的联动装置，最终使安全钳楔块接触、摩擦并使电梯制停。

②在对重（或平衡重）上装设安全钳情况下，对重（或平衡重）也应设置仅能在其下行时动作的安全钳。在达到限速器动作速度时，安全钳应能通过夹紧导轨而使对重（或平衡重）制停并保持静止状态。

当轿厢与对重（或平衡重）之下确有人能够到达的空间时，为了防止悬挂装置断裂后，对重（或平衡重）坠入底坑后击穿底坑底表面落入下面的空间，造成人身伤害事故，因此需要在对重上设置安全钳以避免此类事故的发生。对重安全钳的触发和动作条件与轿厢安全钳类似。

应注意，针对在对重上装设安全钳的要求所设置的对重安全钳，其保护目的与轿厢上行超速保护（设置在对重上的安全钳）是有一定区别的，它们所保护的对象和设置的目的、要求是不相同的。对重安全钳是为了保护底坑下方空间内的人员安全而设置的；设置在对重上的上行超速保护装置（尽管可能与对重安全钳从结构上来看是完全一样的）是为了保护轿厢上行超速时轿内人员安全的。

③安全钳是安全部件，应根据型式试验的要求进行验证。

安全钳是轿厢下行超速，甚至自由坠落时对乘客、电梯设备的重要保护装置，因此安全钳的可靠性是非常重要的，需通过型式试验验证安全钳的设计、制造是否可靠。

2. 各类安全钳的使用条件

①若电梯额定速度大于0.63 m/s，轿厢应采用渐进式安全钳。若电梯额定速度小于或等于0.63 m/s，轿厢可采用瞬时式安全钳。

②若轿厢装有数套安全钳，则它们应全部是渐进式的。

对于速度较低，但载重量较大的电梯，如果采用一对安全钳无法满足制动要求时，轿厢可采用数套安全钳。在动作时，这几套安全钳同时动作，产生合力制停轿厢。由于采用了多套安全钳，每套安全钳的拉杆安装、间隙调整等不可能完全一致，在技术上也难以确保这几套安全钳严格地做到在同一时刻同时动作，数套安全钳在动作时必然会存在时间上的差异，利用渐进式安全钳在动作过程中的弹性组件的缓冲作用来缓解这种不利后果。

③若额定速度大于1 m/s，对重（或平衡重）安全钳应是渐进式的，其他情况下，可以是瞬时式的。

由于对重或平衡重上不可能有人员，因此如果对重或平衡重上设置安全钳，其限制条件要比轿厢宽松一些。允许在额定速度不大于1 m/s的情况下使用瞬时式安全钳。

3. 动作方法

①轿厢和对重（或平衡重）安全钳的动作应由各自的限速器来控制。若额定速度小于或等于1 m/s，对重（或平衡重）安全钳可借助悬挂机构的断裂或借助一根安全绳来动作。

轿厢和对重（或平衡重）的安全钳触发，应分别由各自的限速器来控制，这是由于轿厢、对重或平衡重安全钳各自保护的危险本身的特点所决定的。轿厢、对重或平衡重的安全钳保护的最主要作用是：当钢丝绳全部断裂后，轿厢和对重（或平衡重）在自由落体的情况下能够被各自的安全钳制停在导轨上。

安全绳装置是由机房（滑轮间）导向轮导向的一根辅助绳，平时并不承受载荷。其一端固定在轿厢上，另一端固定在对重安全钳拉杆上。当悬挂钢丝绳断裂后，轿厢和对重分别下坠，虽然对重安全钳并没有自己的限速器，但其动作可以靠下坠的轿厢与安全绳把安全钳提起来。安全绳的要求和规格与限速器钢丝绳相同。

考虑到当电梯额定速度较高时，如果靠轿厢坠落牵动安全绳而触发对重安全钳，给安全绳带来的冲击力会很大，可能造成安全绳的破坏，同时靠安全绳或悬挂机构失效来触发的安全钳，动作速度没有那么精确，所以标准规定只允许额定速度不超过1 m/s的对重或平衡重安全钳采用安全绳触发。借助于悬挂机构失效来触发安全钳的结构目前已经非常少见了。

②不得用电气、液压或气动装置来操纵安全钳。考虑到电气，液压或气动装置在动作时受到外界的限制较多，如电源情况、环境温度状况（主要会对气动和液压装置产生影响）等，而安全钳作为电梯坠落时的“终极保护”是不能出现任何问题的，否则将发生人身伤亡的重大事故，因此要将外界对整个安全钳系统，包括操纵系统的影响减小到最低限度。

4. 渐进式安全钳减速度

在装有额定载重量的轿厢自由下落的情况下，渐进式安全钳制动时的平均减速度应为$0.2g_n \sim 1.0g_n$。

由于瞬时式安全钳制动减速度不能严格控制，因此其适用范围有严格限制。渐进式安全钳在制停轿厢的过程中也要防止制动减速度过大或过小的情况发生。

在实际使用中，轿厢中的载荷并不是在任何情况下都不变的，由空载到满载的情况都可能出现。在任何情况下发生轿厢坠落事故时，安全钳制动的平均减速度值都不能太大，否则可能危及轿厢内乘客的人身安全。但也不应过小，以免在环境条件（如导轨表面的润滑情况等）发生变化时，制动力不足。在此将渐进式安全钳制动装有额定载荷的轿厢时所提供的平均减速度限定在$0.2g_n \sim 1.0g_n$范围内。

5. 安全钳释放

①安全钳动作后的释放需经称职人员进行。安全钳动作是在轿厢发生下行超速甚至是坠落的故障情况下，这些故障本身容易导致重大人身伤害。因此如果安全钳动作，必须查明原因消除隐患，决不能随意恢复电梯的运行。

②只有将轿厢或对重（或平衡重）提起，才能使轿厢或对重（或平衡重）上的安全钳释放并自动复位。由于安全钳动作时可能悬挂轿厢、对重（或平衡重）的钢丝绳已经断裂，因此如果不是在将轿厢、对重（或平衡重）提升的情况下释放安全钳，将导致灾难性的后果。为了避免这种情况的发生，规定只有在将轿厢、对重（或平衡重）提起的情况下才能释放动作了的安全钳。也就是说，安全钳动作后，除上述措施外，无论减小限速器绳的拉力还是向下设法移动轿厢，都不能使安全钳解除自锁。同样也不应提供一直能够使安全钳在不提起轿厢、对重（或平衡重）而释放的装置。

考虑到实际情况下使安全钳复位可能存在的困难，允许动作后的安全钳在轿厢、对重（或平衡重）被提起的情况下自动复位。

6. 结构要求

①禁止将安全钳的夹爪或钳体充当导靴使用。所谓的“夹爪”就是安全钳的制动组件。安全钳作为防止轿厢（对重或平衡重）坠落的最终保护部件，必须避免在电梯的正常使用过程中损坏安全钳。如果将安全钳的钳体或制动组件兼作导靴使用，在电梯使用中安全钳部件难免受到磨损，从而导致安全钳在动作时不能发挥其应有的作用。因此安全钳只能专门用于防止坠落的安全保护，而不能兼作其他用途。

②如果安全钳是可调节的，则其调整后应加封记，这是为了防止其他人员调整安全钳，改变其额定速度、总允许质量，导致安全钳失去作用，造成人员伤亡事故。安全钳是电梯安

全部件，如是可调节的，其额定速度和总允许质量应根据电梯主参数在生产厂出厂前完成调整。由于安全钳的调整将涉及其动作特性，电梯生产厂家应在安全钳调节完成并测试合格后加上封记。封记可采用铅封或漆封，也可以定位销锁定，只要是能够防止无关人员随意调整安全钳，或能够容易地检查出安全钳是否处于正常调整状态即可。

7. 轿厢空载或者载荷均匀分布的情况下，安全钳动作后轿厢地板的倾斜度不应大于其正常位置的5%

倾斜度的测量是指安全钳动作前后轿厢地板的相对倾斜，而不是相对水平位置的绝对倾斜。轿厢的倾斜主要是由安全钳动作时的不同步造成的。

8. 安全钳电气安全装置的说明

当轿厢安全钳作用时，装在轿厢上面的一个符合要求的电气装置应在安全钳动作以前或同时使电梯驱动主机停转。

①要有一个电气安全装置使主机停转。不但要求切断电机的电源，而且曳引机的制动器也要同时动作。也就是主机不能仅仅是自由停止，而且要被强迫停止。

②这个开关要验证的是安全钳是否动作，以及安全钳是否已经被复位。为保证正确检验安全钳的真实状态，因此开关要装在轿厢上，不能用限速器上的开关或其他开关替代。

③开关的动作是当轿厢安全钳动作前或动作时及时反映安全钳的情况。

④这个开关并没有要求必须是手动复位的。可以在提起轿厢使安全钳复位后，开关也被复位（当然在安全钳完全复位前，必须防止开关复位），不一定要专门去复位这个开关。

⑤为正确反映安全钳状态，这个开关在安全钳没有被复位时，不应被恢复正常状态。在这个意义上，其实在释放安全钳后能够自动复位的开关更加符合要求。

⑥这个开关仅在轿厢安全钳上有所要求，对重或平衡重安全钳没有要求类似的装置。

## 三、缓冲器

缓冲器是一种吸收、消耗运动轿厢或对重的能量，使其减速停止，并对其提供最后一道安全保护的电梯安全装置。缓冲器安装在井道底坑内，要求其安装牢固可靠，承载冲击能力强。缓冲器应与地面垂直并正对轿厢（或对重）下侧的缓冲板。

电梯在运行中，由于安全钳失效、曳引轮槽摩擦力不足、抱闸制动力不足、曳引机出现机械故障、控制系统失灵等原因，轿厢（或对重）超越终端层、站底层，并以较高的速度撞向缓冲器，由缓冲器起到缓冲作用，以避免电梯轿厢（或对重）直接撞底或冲顶，保护乘客或运送货物及电梯设备的安全。

当轿厢或对重失控竖直下落，具有相当大的动能，为尽可能减少和避免损失，就必须吸收和消耗轿厢（或对重）的能量，使其安全、减速平稳地停止在底坑。所以缓冲器的原理就是使轿厢（对重）的动能、势能转化为一种无害或安全的能量形式。采用缓冲器将使运动着的轿厢或对重在一定的缓冲行程或时间内逐渐减速停止。

### （一）缓冲器的类型

缓冲器按照其工作原理不同，可分为蓄能型和耗能型两种。

1. 蓄能型缓冲器

此类缓冲器又称为弹簧式缓冲器，当缓冲器受到轿厢（对重）的冲击后，利用弹簧的变形吸收轿厢（对重）的动能，并储存于弹簧内部；当弹簧被压缩到最大变形量后，弹簧会将此能量释放出来，对轿厢（对重）产生反弹，此反弹会反复进行，直至能量耗尽弹力消失，轿厢（对重）才完全静止。

弹簧缓冲器（如图 5 - 36 所示）一般由缓冲橡胶、上缓冲座、弹簧、弹簧座等组成，用地脚螺栓固定在底坑基座上。

为了适应大吨位轿厢，压缩弹簧由组合弹簧叠合而成。行程高度较大的弹簧缓冲器，为了增强弹簧的稳定性，在弹簧下部设有导管（如图 5 - 37 所示）或在弹簧中设导向杆。

弹簧缓冲器的特点是缓冲后有回弹现象，存在着缓冲不平稳的缺点，所以弹簧缓冲器仅适用于额定速度小于 1 m/s 的低速电梯。

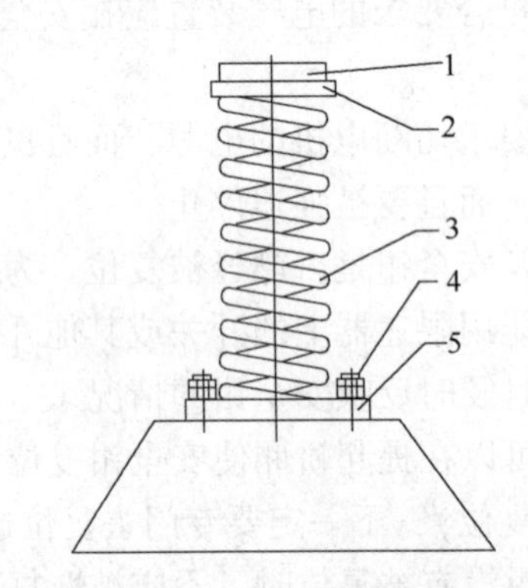


图 5 - 36　弹簧缓冲器

1—缓冲橡胶；2—上缓冲座；3—缓冲弹簧；4—地脚螺栓；5—弹簧座

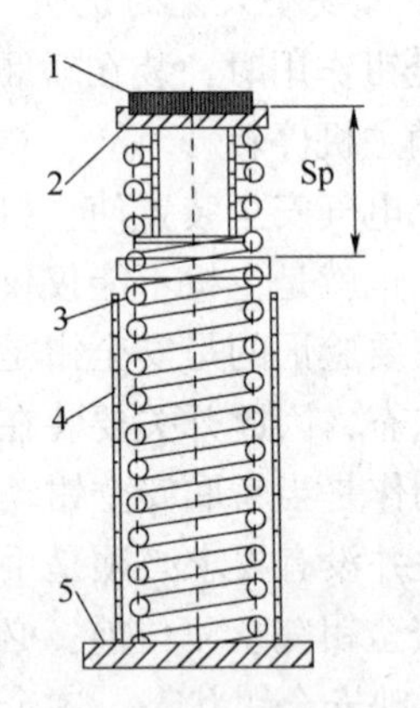


图 5 - 37　带导管弹簧缓冲器

1—缓冲橡胶；2—上缓冲座；3—弹簧；4—外导管；5—弹簧座

图 5 - 38　聚氨酯缓冲器

近年来，人们为了克服弹簧缓冲器容易生锈腐蚀等缺陷，开发出了聚氨酯缓冲器（如图 5 - 38 所示）。聚氨酯缓冲器是一种新型缓冲器，具有体积小重量轻、软碰撞无噪声、防水防腐耐油、安装方便、易保养好维护、可减少底坑深度等特点，近年来在中低速电梯中得到应用。

2. 耗能型缓冲器

耗能型缓冲器又称油（液）压缓冲器，常用的油压缓冲器的结构如图 5 - 39 所示。它的基本构件是缸体、柱塞、缓冲橡胶垫和复位弹簧等。缸体内注有缓冲器油。

(1) 油压缓冲器结构

当油压缓冲器受到轿厢和对重的冲击时，柱塞向下运动，压缩缸体内的油，油通过环形节流孔喷向柱塞腔（沿图中箭头方向流动）。当油通过环形节流孔时，由于流动截面积突然减小，就会形成涡流，使液体内的质点相互撞击、摩擦，将动能转化为热量散发掉，从而消耗了轿厢或对重的能量，使轿厢或对重逐渐缓慢地停下来。

因此油压缓冲器是一种耗能型缓冲器，它是利用液体流动的阻尼作用，缓冲轿厢或对重的冲击。当轿厢或对重离开缓冲器时，柱塞在复位弹簧的作用下，向上复位，油重新流回油缸，恢复正常状态。

由于油压缓冲器是以消耗能量的方式实行缓冲的，因此无回弹作用，同时由于变量棒的作用，柱塞在下压时，环形节流孔的截面积逐步变小，能使电梯的缓冲接近匀减速运动。因而，油压缓冲器具有缓冲平稳，有良好的缓冲性能的优点，在使用条件相同的情况下，油压缓冲器所需的行程可以比弹簧缓冲器减少一半，所以油压缓冲器适用于快速和高速电梯。

（2）油压缓冲器的分类及工作原理

常用的油压缓冲器有油孔柱式缓冲器、多孔式缓冲器、多槽式缓冲器等。

以上三种油压缓冲器的结构虽有所不同，但基本原理相同。即当轿厢（对重）撞击缓冲器时，柱塞向下运动，压缩油缸内的油，使油通过节流孔外溢并升温，在制停轿厢（对重）的过程中，其动能转化为油的热能，使轿厢（对重）以一定的减速度逐渐停下来。当轿厢或对重离开缓冲器时，柱塞在复位弹簧的作用下复位，恢复正常状态。

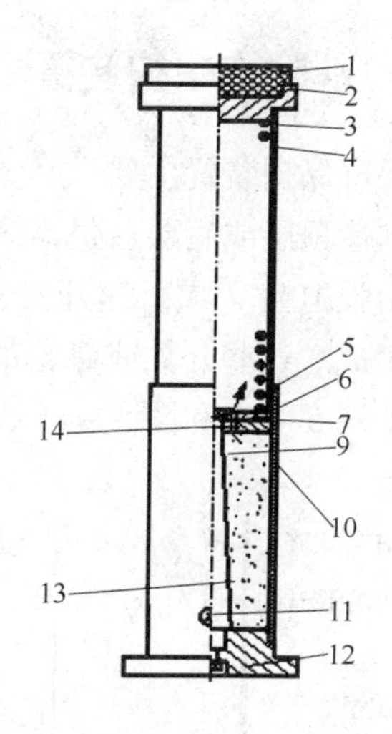


**图 5－39　油孔柱式油压缓冲器**

1—橡胶垫；2—压盖；3—复位弹簧；4—柱塞；5—密封盖；6—油缸套；7—弹簧托座；9—变量棒；10—缸体；11—放油口；12—油缸座；13—缓冲器油；14—环形节流孔

①油孔柱式油压缓冲器。油孔柱式油压缓冲器见图 5－39，在前面已经介绍了它的工作原理与结构特点。

②多孔式缓冲器工作原理。多孔式油压缓冲器分为缸体内壁溢流和柱塞油孔溢流两种。

缸体内壁具有溢流孔的油压缓冲器，当柱塞下移进入充满缓冲器油（液压油）的缸体中，油被迫从油缸壁的溢流孔进入外部的储油腔中，随着柱塞的下降，缸壁泄油孔数目逐渐减少，油流动的节流作用也增大，由此产生足够的油压，使轿厢的运动减速，直到平稳地停止。

柱塞上带有泄油孔的油压缓冲器，在柱塞的下部有一空腔，柱塞四壁有一泄油孔，缸体平滑无孔。当柱塞被压下时，缸体上部渐渐盖住柱塞上的泄油孔，减少了泄油孔的数目和总泄油孔面积，油流动的节流作用也就增大，由此产生足够的油压，使轿厢的运动减速，直到平稳地停止。当提起轿厢使缓冲器卸载时，复位弹簧使柱塞回到正常位置，这样油经溢流孔从油腔重新流回油缸，活塞自动回复到原位置。

③多槽式缓冲器工作原理。在柱塞上有一组长短不一的泄油槽，在缓冲过程中油槽依次被挡住，即泄油通道面积逐渐减少，由此产生足够的油压，从而使轿厢（对重）减速。当提起轿厢使缓冲器卸载时，复位弹簧使柱塞回到正常位置，这样油经溢流孔从油腔重新流回油缸，活塞自动回复到原位置。这种缓冲器，由于要在柱塞上加工油槽，工艺比加工孔要复杂，所以较少使用。

## （二）缓冲器的数量

缓冲器使用的数量，要根据电梯额定速度和额定载重量确定。一般电梯会设置三个缓冲器，即轿厢下设置二个缓冲器，对重下设置一个缓冲器。

## 四、终端限位保护装置

终端限位保护装置主要设在井道的顶层和底层，其功能就是防止由于电梯电气系统失灵，轿厢到达顶层或底层后仍继续行驶（冲顶或蹲底），造成超限运行事故。此类限位保护装置主要由强迫换（减）速开关、限位开关、极限开关等三个开关及相应的碰板、碰轮和联动机构组成。这些开关或碰轮都安装在固定于导轨的支架上，由安装在轿厢上的撞弓触动而动作。如图5－40和图5－41所示。

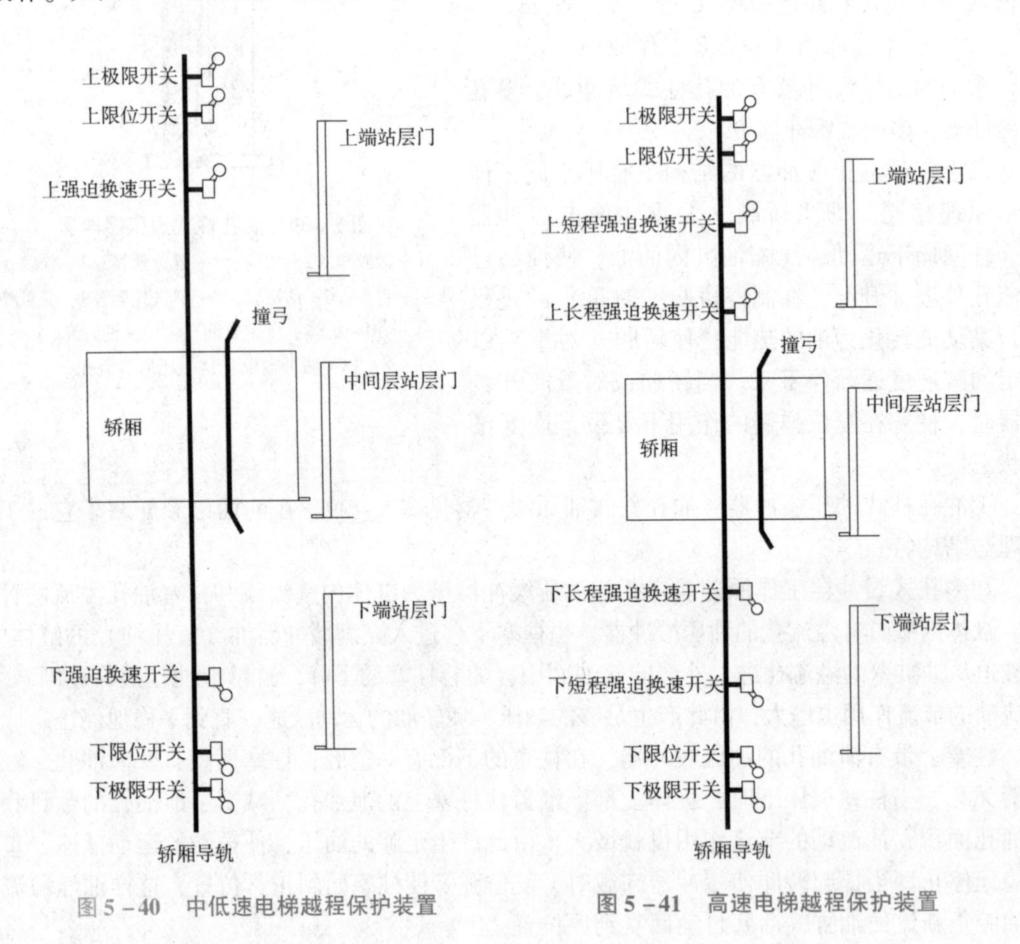


图5－40　中低速电梯越程保护装置

图5－41　高速电梯越程保护装置

### （一）强迫换速开关

强迫换速开关是防止轿厢超越行程的第一道保护，一般设在端站正常减速位置（或端站的减速开关）之后。当强迫换速开关被撞弓触发时，如轿厢尚未开始减速，或未能减速至设定的速度以下（该设定值应低于额定速度），则控制系统立即强制发指令控制驱动器将电梯转为低速运行。强迫换速功能触发时，电梯将控制轿厢将以较大的减速度进行减速，使轿厢能够在到达端站前，将速度降至爬行速度，随后在端站完成平层停靠。如图5－42所示。

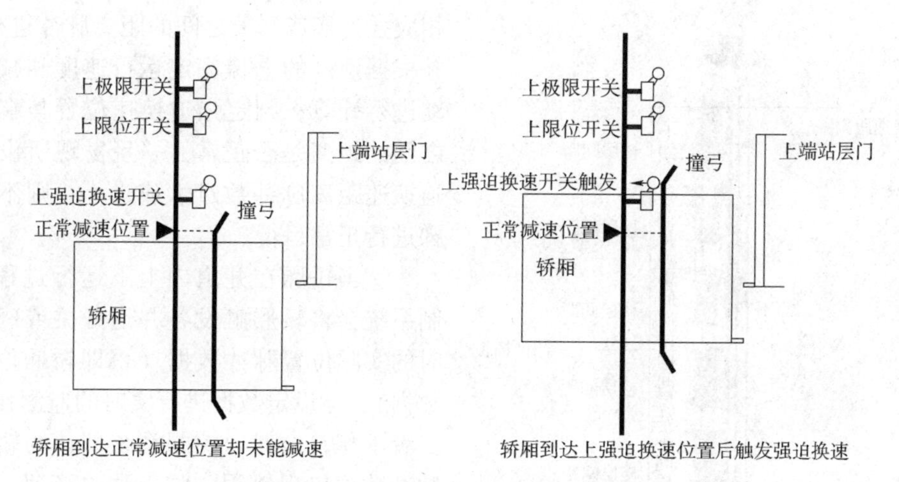


图 5－42 强迫换速开关动作示意图

需要注意的是，如果强迫换速位置与端站门区之间距离过小，容易导致强迫换速功能触发后的减速距离不足，电梯无法在到达端站前停止运行，最终造成冲顶或蹲底；而强迫换速位置与端站门区之间距离过大，使轿厢在到达端站减速点之前就触发强迫换速开关，又会导致强迫换速功能错误触发，导致电梯无法在正常情况下完成平层停靠。平层减速信号触发示意图如图 5－43 所示。

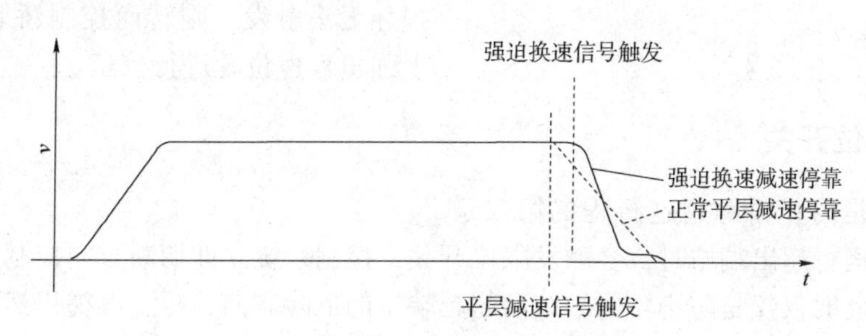


图 5－43 平层减速信号触发示意图

在 2.5 m/s 以上的高速电梯中，由于轿厢进行长程运行（连续运行 4、5 层以上）和短程运行（连续运行 3 层以内）的运行速度差异较大，因此会相对应地设置长行程强迫换速开关和短行程强迫换速开关。当电梯短程运行至端站时，由短程强迫换速开关对其进行防止越程保护，而电梯长程运行至端站时，由长程强迫换速起效进行防止越程保护。

需要注意的是，在目前常见的速度闭环控制系统中，强迫换速开关同时还被作为井道位置信号的校正点，上下端站、各中间层站的门区插板位置脉冲计数，均以上下强迫换速开关作为参考位置进行记录。一旦强迫换速信号出现异常，如无法触发、错误触发，都会导致控制系统进入校正运行状态，导致故障发生，因此强迫换速开关的工作状态是否正常、可靠，会对电梯的安全可靠运行产生非常大的影响。强迫换速开关的安装位置如图 5－44 所示。

这样设计具有两个优势：

①电梯在进行井道开关位置脉冲的记录（或自学习）时，控制系统可以将端站门区与

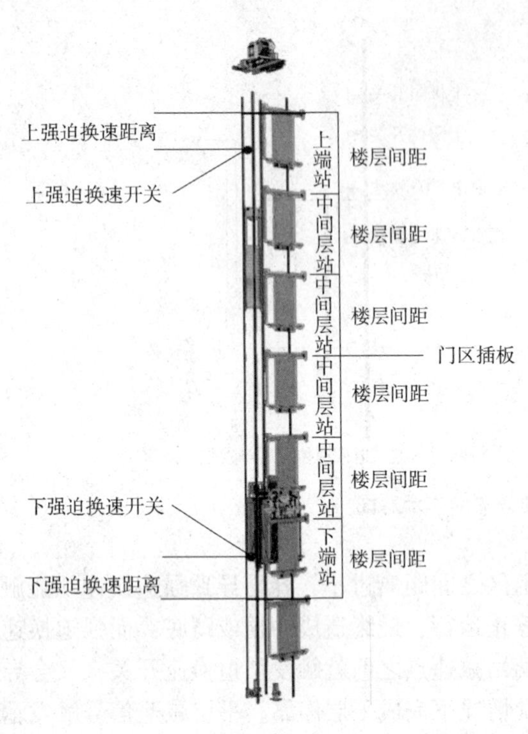


图 5－44　强迫换速开关安装位置

相应强迫换速开关之间的距离脉冲进行记录，并根据预设的电梯额定运行速度和减速度自动进行计算，判定强迫换速位置与端站门区之间的距离是否正常，一旦发现所设定的强迫换速距离脉冲数过大或过小，则不允许电梯进行正常运行。

②当轿厢在井道内上下运行过程中，控制系统会将轿厢触发各井道开关或门区插板时的实际位置脉冲数据（也即轿厢位置脉冲数据），与设定数据进行实时的监测比较。当二者不相符合时，控制系统即认为轿厢位置脉冲数据出现错误。如：强迫换速、门区传感器等损坏，此时控制系统无法正确判断轿厢在井道内的实际位置，会立即终止正常运行，转而以校正运行速度（一般情况下设定为额定速度的一半）控制轿厢向底坑运行，当轿厢撞弓触发下强迫换速开关时，完成轿厢位置信号的校正；如此时下强迫换速开关损坏无法触发，则转而控制轿厢向上运行至上强迫换速位置进行校正。

## （二）限位开关

限位开关是防止轿厢超越行程的第二道保护。当轿厢运行超出端站时，会触发限位开关，控制系统立即切断方向控制电路，使电梯停止运行。但此时仅仅是防止轿厢继续向超越端站的危险方向运行，电梯仍然能够反方向向着安全方向运行。如图 5－45 所示。

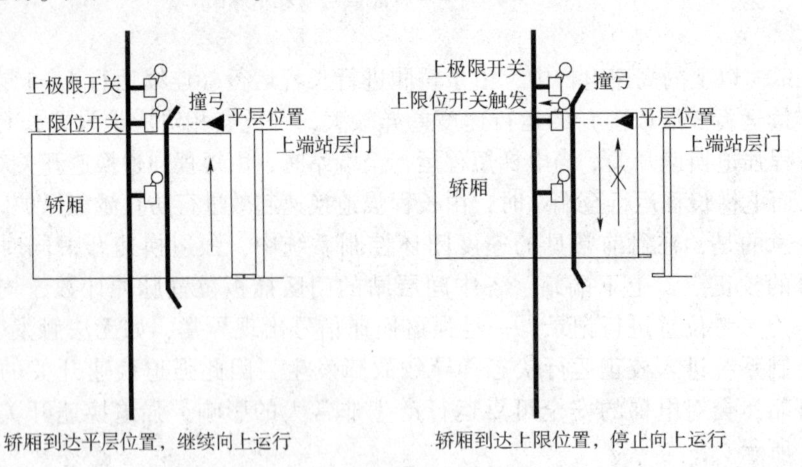


图 5－45　限位开关动作示意图

## （三）极限开关

极限开关是防止轿厢超越行程的第三道保护。如图5－46所示，如果限位开关动作后电梯仍不能停止运行，则会进一步触发极限开关，控制系统会立即切断主机驱动电路，使驱动主机迅速停止运转。对于交流调压调速电梯和变频调速电梯，极限开关动作后，应能使驱动器立即切断主机供电，使驱动主机迅速停止运转；对于单速或双速电梯，应切断主电路或主接触器线圈电路。极限开关动作后，电梯应能防止电梯在两个方向的运行，而且不经过称职人员的调整，电梯不能自动恢复运行。

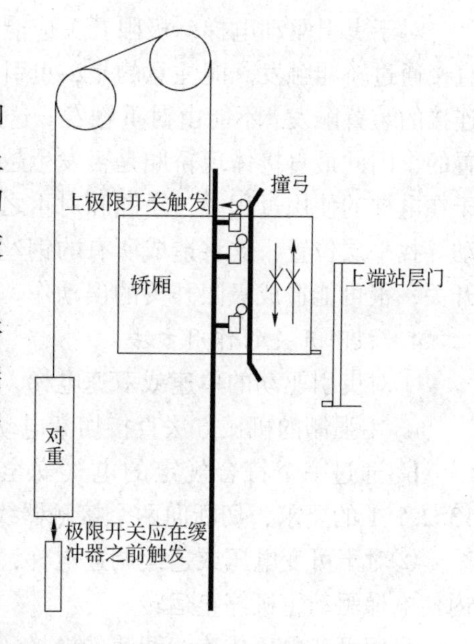

图5－46　极限开关动作示意图

极限开关安装的位置应尽量接近端站，但必须确保与限位开关不联动，而且必须在对重（或轿厢）接触缓冲器之前动作，并在缓冲器被压缩期间保持极限开关的保护作用。

根据《电梯制造与安装安全规范》（GB 7588—2003）要求，限位开关和极限开关必须符合电气安全触点要求，不能使用普通的行程开关和永磁感应开关、干簧管开关等传感装置。

## （四）极限开关的其他安全要求

1. 电梯应设极限开关

极限开关应设置在尽可能接近端站时起作用而无误动作危险的位置上。

极限开关应在轿厢或对重（如有）接触缓冲器之前起作用，并在缓冲器被压缩期间保持其动作状态。

当电梯运行到最高层或最低层时，为防止电梯由于控制方面的故障，轿厢超越顶层或底层端站继续运行（冲顶或撞击缓冲器事故），必须设置保护装置，以防止发生严重的后果和结构损坏，这就是极限开关。

通常情况下，极限开关并不是单独使用的，它作为防止电梯越程保护装置的一部分，一般是与设在井道内上下端站附近的强迫换速开关、限位开关共同配合使用的。

2. 正常的端站停止开关和极限开关必须采用分别的动作装置

极限开关是防止电梯在非正常状态下超越正常行程范围造成危险而设置的，因此极限开关应是在电梯产生非正常的越程时才被动作的。而在正常进行端站停靠时并不是故障状态，因此极限开关必须与正常的端站停止开关采用不同的动作装置。

3. 对于曳引驱动的电梯，极限开关的动作应由下述方式实现

①直接利用处于井道的顶部和底部的轿厢；

②利用一个与轿厢连接的装置，如：钢丝绳、皮带或链条。

该连接装置一旦断裂或松弛，一个符合规定的电气安全装置应使电梯驱动主机停止运转。

对于曳引驱动电梯，极限开关应能用机械方式直接切断电动机和制动器的供电回路，或直接通过轿厢触发。应注意的是，曳引驱动的电梯强调了极限开关的动作应由轿厢或与轿厢连接的装置触发，不能由对重触发。这是由于极限开关是避免轿厢发生冲顶和蹲底事故而设置的，因此最直接体现轿厢是否发生越程的方式就是直接利用轿厢的位置来反映其状态。由于在电梯的使用过程中，轿厢和对重之间的钢丝绳可能发生异常伸长，轿厢每次停靠都会自动寻找平层位置，这将造成所有的钢丝绳伸长量全部累积到对重一侧，如果由对重触发极限开关，很可能造成极限开关的误动作。

4. 极限开关的作用方法

①对曳引驱动的单速或双速电梯，极限开关应能：

a. 用强制的机械方法直接切断电动机和制动器的供电回路；

b. 通过一个符合规定的电气安全装置，按 GB 7588—2003 中 12. 4. 2. 3. 1、12. 7. 1 和 13. 2. 1. 1 的要求，切断向两个接触器线圈直接供电的电路。

②对于可变电压或连续调速电梯，极限开关应能迅速地，即在与系统相适应的最短时间内使电梯驱动主机停止运转。

采用可变电压或连续调速的电梯，通常是采用变频器为驱动主机供电的。由于变频器通常要求不能够采取接通和断开主电路电源的方法来操作变频器的运行和停止，因此在使用变频器的场合，当极限开关动作时，应采用系统能够适应的方法使电梯驱动主机停止转动。但应注意，极限开关的动作应尽可能迅速地起作用。

③极限开关动作后，电梯应不能自动恢复运行。

极限开关动作本身就证明电梯系统存在控制方面的问题，在极限开关动作后，在没有解决这些问题前，为了防止电梯系统发生更大的危险，要求电梯不能自动恢复运行。只有经过人工干预后方能恢复运行。

## 五、轿厢上行超速保护装置

轿厢上行超速保护装置是防止轿厢冲顶的安全保护装置，该装置有效地保护了轿厢内的人员、货物、电梯设备以及建筑物等。造成冲顶的原因大致有以下几种：

①电磁制动器衔铁卡阻，造成制动器失效或制动力不足；

②曳引轮与制动器中间环节出现故障，多见于有齿轮曳引机的齿轮、轴、键、销等发生折断，造成曳引轮与制动器脱开；

③钢丝绳在曳引轮绳槽中打滑。

仅要求曳引驱动电梯应设置上行超速保护装置，强制驱动电梯并不需要设置，这是因为，强制驱动电梯的平衡重只平衡轿厢或部分轿厢的重量，因此无论强制驱动电梯是否带有平衡重，即使轿厢空载时，也决不会比平衡重侧（如果有平衡重的话）轻，在驱动主机制动器失效时也不可能出现钢丝绳或链条带动绳鼓或链轮向上滑移的现象。

### （一）轿厢上行超速保护装置的分类和结构

电梯轿厢上行超速保护装置一般有夹绳器、轿厢上行安全钳装置、对重安全钳装置以及无齿轮曳引机制动器等。

1. 钢丝绳制动器

夹绳器多安装在主机曳引轮附近，由有上行超速动作机构的限速器来控制，当轿厢上行超速时，限速器上行超速机构动作，传动到钢丝绳制动器装置，钢丝绳制动器动作，将曳引钢丝绳夹紧，使轿厢制停。如图5－47所示。钢丝绳制动器工作原理简单，成本低，目前大部分电梯使用钢丝绳制动器作轿厢上行超速保护装置。

常见的钢丝绳制动器常按照其夹持钢丝绳的方式进行分类，可分为直夹式钢丝绳制动器和自楔紧式钢丝绳制动器两种。

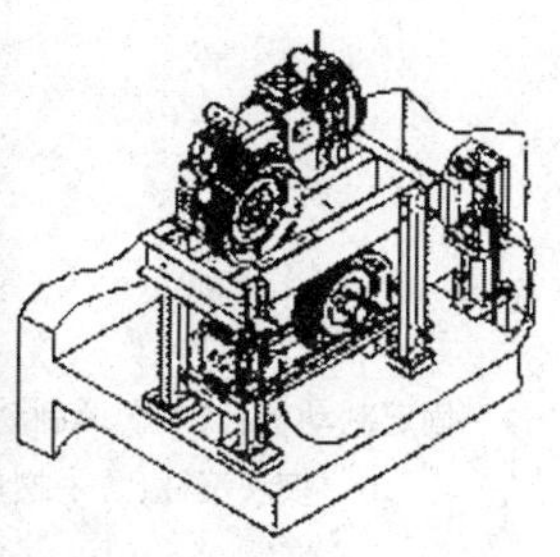

图5－47　安装在机房内的钢丝绳制动器

对于直夹式钢丝绳制动器（如图5－48所示），常见的设计方式中，其制动板处于钢丝绳制动器外侧，动作时制动板在外部能量的驱动下，直接夹持在钢丝绳上，而与钢丝绳的运动状态无关。这种钢丝绳制动器的夹持力是可以“预先设定”的，但往往由于其预先设定的夹持力过大，其动作后对钢丝绳的损伤比较明显。这种钢丝绳制动器如果采用电气方式触发，当电梯轿厢上行或下行超速时，就存在都能动作并夹持在钢丝绳上的可能性。

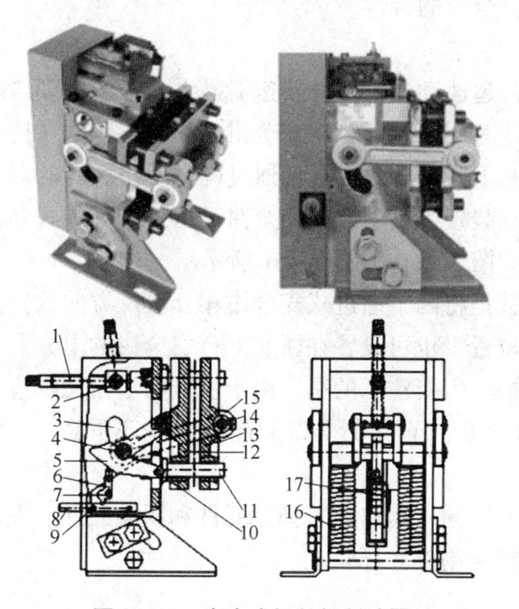


图5－48　直夹式钢丝绳制动器

1—复位螺杆；2—复位螺母及转轴；3—滑动轴导槽；4—滑动轴；5—滑动轴锁钩；6—锁钩支撑；7—锁钩支撑转轴；8—触发拨杆；9—触发拨杆转轴；10—滑动轴锁钩转轴；11—夹板导柱；12—前夹板；13—后夹板；14—后夹板连接轴；15—连杆；16—夹紧弹簧；17—锁钩扭簧

对于自楔紧式钢丝绳制动器（如图5－49所示），制动板往往在钢丝绳制动器内侧。钢丝绳制动器动作时制动板在外部能量驱动下夹紧钢丝绳的同时，在钢丝绳的带动下，可动制动板不断地往下楔紧，制动力也就不断增加，直至轿厢制停为止。

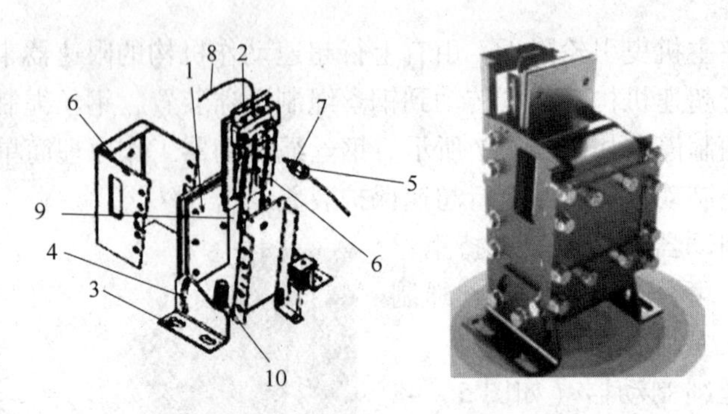


图 5 - 49　自楔紧式钢丝绳制动器

1—固定制动板；2—楔形制动板；3—钢丝绳制动器固定座；4—钢丝绳制动器角度调节孔；5—楔块固定插销座；6—楔块滚柱；7—楔块固定插销；8—楔块复位钢丝绳；9—楔块动作钢丝绳；10—楔块限位装置

自楔紧式钢丝绳制动器的制动力的大小与轿厢的运行状态有关，轿厢超速时的冲击能量越大，钢丝绳制动器提供的制动力也就越大。这种钢丝绳制动器要求其制动后具有自锁的性能。部分自楔紧式钢丝绳制动器在可动制动板向下楔紧到一定位置时，对其设置了限位。这样做的目的是，对钢丝绳制动器的制动力进行限制，以免其动作后对钢丝绳产生较大的损伤，这有点类似渐进式安全钳的特性。

(1) 轿厢上行安全钳装置

上行安全钳由有上行超速动作机构的限速器操纵，工作原理与限速器安全钳联动的工作原理一样，轿厢上行超速时，限速器触动安全钳动作，将轿厢夹持在导轨上。

轿厢的上行安全钳和下行安全钳往往都通过同一个轿厢侧的双向限速器联动，因此构成了双向限速器安全钳联动装置，其中双向安全钳又可分为分体式和一体式两种，较为常用的是分体式双向安全钳。如图 5 - 50 和图 5 - 51 所示。

分体式双向安全钳就是将两个渐进式安全钳相互呈反方向放置，轿厢上行安全钳装置一般安装在轿厢上梁导轨位置，也可设置在轿底下行安全钳的上方。在轿厢下行和上行超速时由不同的安全钳进行保护。需要注意的是，由于上行安全钳无须应对钢丝绳断绳、轿厢自由坠落这种极端工况，因此上、下行安全钳的制动力是不同的，上行安全钳的制动力相对较小。

一体式安全钳，则利用同一套钳体、弹性元件和制动元件，在轿厢下行和上行超速时通过楔形自锁紧原理，将轿厢制停在导轨上。

(2) 对重安全钳装置

对重安全钳装置一般安装在对重架下端，由上行超速动作触发机构操纵，可使用限速器进行触发。对重安全钳联动的工作原理与轿厢安全钳类同，轿厢上行超速时，对重向下超速运行，限速器触动对重安全钳动作，将对重夹持在导轨上，使轿厢制停。

作用在对重上的轿厢上行超速保护装置与对重安全钳的区别：

①保护目的不同。对重安全钳的保护目的是，当底坑下方有人员能够进入空间的情况下，在对重自由坠落时保护底坑下方的人员。而作用在对重上的轿厢上行超速保护装置的目的是防止轿厢上行超速而冲顶时对人员造成的伤害。

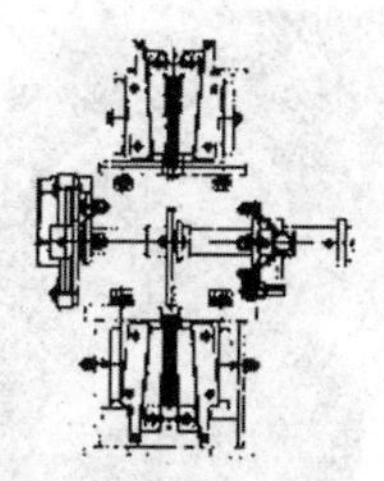

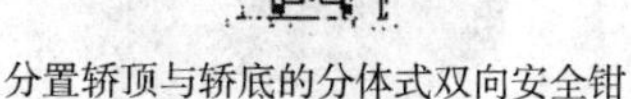

分置轿顶与轿底的分体式双向安全钳　　共置轿底的分体式双向安全钳

图 5－50　分体式安全钳

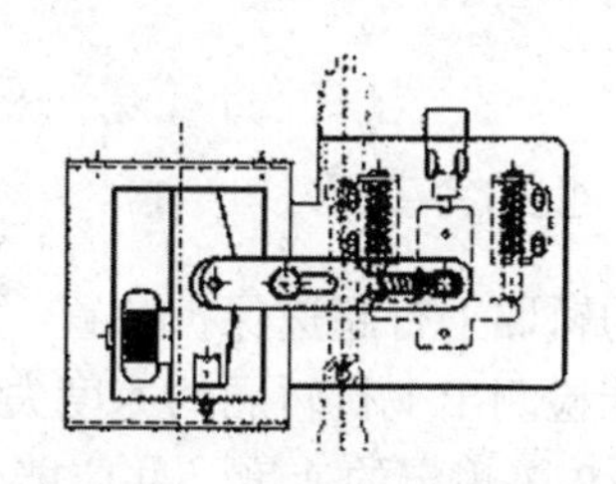

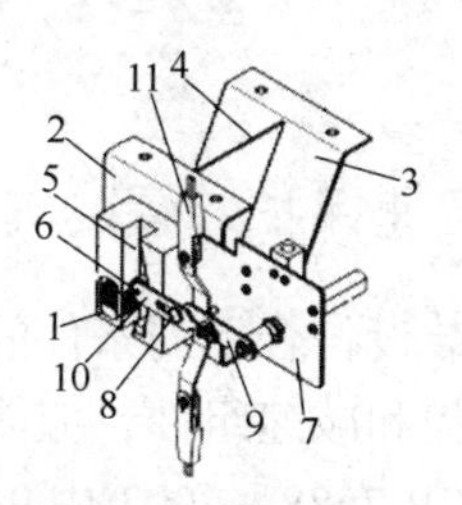


图 5－51　一体式安全钳

1—碟形弹簧；2—安全钳固定座；3—固定支架；4—加强筋；5—滚道；6—滚柱；7—提拉机构支架；8—销轴；9—提拉摆臂；10—滚柱连接杆；11—钢丝绳连接装置

②对速度监控装置的要求不同。对重安全钳要求必须由专门的限速器控制，额定速度小于 1 m/s 的电梯其对重安全钳可以采用安全绳触发。而作用在对重上的轿厢上行超速保护装置则可以与轿厢安全钳共享限速器，甚至只是使用类似于限速器的装置。

③操纵装置的要求不同。不得用电气、液压或气动操纵的装置来操纵对重安全钳，但对轿厢上行超速保护没有这个要求。

④使用条件不同。除额定速度不超过 1 m/s 的对重安全钳可以使用瞬时式安全钳外，其他情况必须使用渐进式安全钳。但是作用在对重上的轿厢上行超速保护装置则不受这个限制，只要保证轿厢的制动减速度不大于 $1g_n$ 即可。

⑤结构要求不同。轿厢上行超速保护装置应为渐进式安全钳，不可采用瞬时式安全钳。因为采用瞬时式安全钳，其动作后其对轿厢产生的减速度一般都会大于 $1g_n$。

⑥电气检查方面要求不同。对重安全钳动作时，不需要一个符合规定电气装置，在安全钳动作以前或同时使电梯驱动主机停转。但作用在对重上的轿厢上行超速保护装置需要上述装置。

（3）无齿轮曳引机制动器

由于无齿轮曳引机没有中间减速机构，电动机转速和曳引轮转速相同，通常将制动器直接作用于曳引轮或曳引轮轴，无论曳引机内部传动机构出现何种形式的断裂，制动器始终能够对曳引轮进行更有效的制动，可以认为满足轿厢上行超速保护的要求。所以使用无齿轮曳引机不再需要额外增加上行超速保护装置，这也是无齿轮曳引机目前使用量大增的一个原因。如图 5－52 所示。

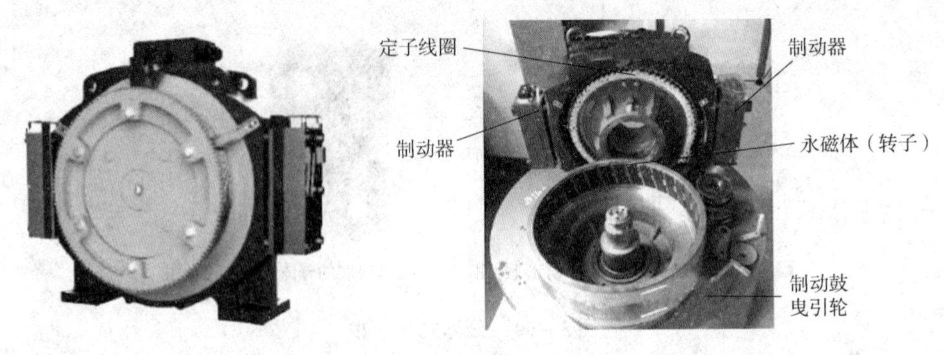


图 5－52　无齿轮曳引机制动器

## （二）轿厢上行超速保护装置的其他安全要求

曳引驱动电梯上应装设符合下列条件的轿厢上行超速保护装置。

该装置包括速度监控和减速组件，应能检测出上行轿厢的速度失控，其下限是电梯额定速度的 115%，上限是 GB 7588—2003 中 9.9.3 规定的速度，并应能使轿厢制停，或至少使其速度降低至对重缓冲器的设计范围。

上行超速保护装置包括一套相同或类似于限速器的装置，以监测和判断轿厢是否上行超速；同时还包括一套执行机构，在获得轿厢上行超速的信息时能够将轿厢制停或减速至安全速度范围以内。注意，这里并不是要求必须能够制停轿厢。

从目前的情况来看，速度监控组件一般采用限速器来实现。根据所选用的减速组件的形式和设置位置的不同，可以采用两个限速器分别控制安全钳（用于下行超速保护）和上行超速保护装置，也可以使用在轿厢上行和下行都能够动作的限速器。

GB 7588—2003 中 9.9.3 规定了轿厢上行超速保护装置的动作速度，即：大于等于 1.15 倍的额定速度且小于等于 1.1 倍的轿厢安全钳的动作速度。

1. 该装置应能在没有那些在电梯正常运行时控制速度、减速或停车的部件参与下，达到 GB 7588—2003 中 9.10.1 的要求，除非这些部件存在内部的冗余度

该装置在动作时，可以由与轿厢连接的机械装置协助完成，无论此机械装置是否有其他用途。

轿厢上行超速保护装置应是独立的。在制停轿厢，或对轿厢减速时，应完全依靠自身的制动能力完成。不应依赖于速度控制系统（如强迫减速开关）、减速或停止装置（如驱动主机制动器）。但如果这些部件存在冗余，则可以利用这些部件帮助轿厢上行超速保护装置停止或减速轿厢。

在标准 GB 7588—2003 中对驱动主机的制动器已经规定了“所有参与向制动轮或盘施加制动力的制动器机械部件应分两组装设。如果一组部件不起作用，应仍有足够的制动力使载有额定载荷以额定速度下行的轿厢减速下行”的要求，因此驱动主机的制动器是符合“存在内部的冗余度”的要求的。这就是有些曳引机（主要是无齿轮曳引机）使用制动器作为轿厢上行超速保护装置的依据。

2. 该装置在使空轿厢制停时，其减速度不得大于 1 $g_n$

除去直接作用在轿厢上的轿厢上行超速保护装置在动作时可能使轿厢的制停减速度为

1 $g_n$，其余形式的轿厢上行超速保护装置均不可能造成轿厢的制动减速度大于1 $g_n$。要求制动减速度不超过1 $g_n$是考虑如果减速度过大，乘客将由于失重而在轿厢中被抛起来，可能造成头部撞击而引发安全事故。

要求的条件是“空轿厢制停时”，因为在这个时候轿厢系统的质量最小。当一个确定的制动力施加给轿厢时，轿厢系统质量最小的情况可导致最大减速度的出现，为了在最不利的情况下也能获得不至于伤害到乘客人身安全的减速度。

轿厢上行超速保护装置的最大加速度不能超过1 $g_n$，因此瞬时式安全钳不能用于此处。

3. 该装置的作用位置

①轿厢；

②对重；

③钢丝绳系统（悬挂绳或补偿绳）；

④曳引轮（例如直接作用在曳引轮，或作用于最靠近曳引轮的曳引轮轴上）。

轿厢上行超速保护装置作用的位置只可能有6个：轿厢、对重、曳引钢丝绳、补偿绳、曳引轮或最靠近曳引轮的轮轴上。只有直接作用在上述部位才可能最大限度地直接保护轿厢内的人员。之所以允许作用在钢丝绳上，是因为轿厢上行超速时，绝不可能是由于钢丝绳断裂造成的，此时钢丝绳及其连接装置必定是有效的。

4. 该装置动作时，应使一个符合规定的电气安全装置动作

轿厢上行超速保护装置动作时，应有一个电气安全装置（一般采用安全开关）来验证其状态。验证轿厢上行超速保护装置状态的电气安全装置在动作后，应能防止电梯驱动主机启动或使其立即停止转动。此开关必须直接验证轿厢上行超速保护的状态，而不能使用速度监控部件上的电气安全装置代替，因为速度监控部件上也要求必须有电气安全装置验证其自身的状态。

5. 该装置动作后，应由称职人员使其释放

轿厢上行超速保护装置一旦动作，必然是由于电梯系统出现故障（很可能是重大故障）而导致的。此时必须由称职人员进行检查，确认排除故障后方可释放轿厢上行超速保护装置并使电梯恢复正常运行。

6. 该装置释放时，应不需要接近轿厢或对重

所说的“释放”，应该主要是针对上行超速保护装置制动组件的机械部分。轿厢上行超速保护装置动作后的释放应容易进行。“不需要接近轿厢或对重”是因为，当上行超速保护装置动作时，轿厢或对重并非在井道中某一固定位置，要接近它们也是比较困难的。

此要求其实并不难实现，对于曳引机制动器或安装在机房内的钢丝绳制动器，在机房里就可以释放；对于对重安全钳或轿厢上行安全钳（或双向安全钳），其机械部分的释放应该可以通过紧急电动运行或手动盘车上提对重而释放。

7. 释放后，该装置应处于正常工作状态

所谓的“正常工作状态”指的是当轿厢上行超速时能够正确响应速度监控组件的信号或动作，并能够将轿厢制停或减速到安全速度的状态。上行超速保护在动作以后，如果被释放，其能够立即投入工作状态。也就是说，轿厢上行超速保护装置要么是处于动作状态，要么是处于正常工作状态。

8. 如果该装置需要外部的能量来驱动，当能量没有时，该装置应能使电梯制动并使其保持停止状态，带导向的压缩弹簧除外

如果轿厢上行超速保护装置是依靠外部能量来制停或减速轿厢的，那么在失去外部能量的情况下，轿厢上行超速保护装置应处于动作状态。也就是说，外部能量的作用只能是保持轿厢上行超速保护装置处于释放状态而已，而不能用作上行超速保护装置在动作时的制动力来源。这一点与驱动主机制动器的要求极为相似。

轿厢上行超速保护装置动作时也并不需要必须将轿厢制停，只要将其速度降低至对重缓冲器能够承受的速度即可。此要求“应能使电梯制动并使其保持停止状态”，更加严格了。

9. 轿厢上行超速保护装置是安全部件，应根据要求进行型式试验验证

轿厢上行超速保护装置作为防止轿厢由于上行超速而导致的冲顶事故的重要部件，其动作是否可靠关系到轿内乘客的人身安全。因此将其列入安全部件，并要求根据要求进行型式试验是非常必要的。

【标准对接】（如表5-1所示）

表5-1 电梯安全保护系统的标准

| 标准名称 | 部件名称 | 标准规定 |
| --- | --- | --- |
| 《电梯制造与安装安全规范》（GB 7588—2003） | 安全钳 | 9.8 安全钳<br>9.8.1 通则<br>9.8.1.1 轿厢应装有能在下行时动作的安全钳，在达到限速器动作速度时，甚至在悬挂装置断裂的情况下，安全钳应能夹紧导轨使装有额定载重量的轿厢制停并保持静止状态。<br>根据9.10，上行动作的安全钳也可以使用。<br>注：安全钳最好安装在轿厢的下部。<br>9.8.1.2 在5.5b）所述情况下，对重（或平衡重）也应设置仅能在其下行时动作的安全钳。在达到限速器动作速度时（或者悬挂装置发生9.8.3.1所述特殊情况下的断裂时），安全钳应能通过夹紧导轨而使对重（或平衡重）制停并保持静止状态。<br>9.8.1.3 安全钳是安全部件，应根据F3的要求进行验证。<br>9.8.2 各类安全钳的使用条件<br>9.8.2.1 若电梯额定速度大于0.63 m/s，轿厢应采用渐进式安全钳。若电梯额定速度小于或等于0.63 m/s，轿厢可采用瞬时式安全钳。<br>9.8.2.2 若轿厢装有数套安全钳，则它们应全部是渐进式的。<br>9.8.2.3 若额定速度大于1 m/s，对重（或平衡重）安全钳应是渐进式的，其他情况下，可以是瞬时式的。<br>9.8.3 动作方法<br>9.8.3.1 轿厢和对重（或平衡重）安全钳的动作应由各自的限速器来控制。<br>若额定速度小于或等于1 m/s，对重（或平衡重）安全钳可借助悬挂机构的断裂或借助一根安全绳来动作。<br>9.8.3.2 不得用电气、液压或气动操纵的装置来操纵安全钳。<br>9.8.4 减速度<br>在装有额定载重量的轿厢自由下落的情况下，渐进式安全钳制动时的平均减速度应为0.2 $g_n$ ~1.0 $g_n$。<br>9.8.5 释放<br>9.8.5.1 安全钳动作后的释放需经称职人员进行。<br>9.8.5.2 只有将轿厢或对重（或平衡重）提起，才能使轿厢或对重（或平衡重）上的安全钳释放并自动复位。 |

续表

| 标准名称 | 部件名称 | 标准规定 |
| --- | --- | --- |
| 《电梯制造与安装安全规范》（GB 7588—2003） | 限速器 | 9.8.6　结构要求<br>9.8.6.1　禁止将安全钳的夹爪或钳体充当导靴使用。<br>9.8.6.2　（略）。<br>9.8.6.3　如果安全钳是可调节的，则其调整后应加封记。<br>9.8.7　轿厢地板的倾斜<br>轿厢空载或者载荷均匀分布的情况下，安全钳动作后轿厢地板的倾斜度不应大于其正常位置的5%。<br>9.8.8　电气检查<br>当轿厢安全钳作用时，装在轿厢上面的一个符合14.1.2电气装置应在安全钳动作以前或同时使电梯驱动主机停转。<br>9.9　限速器<br>9.9.1　操纵轿厢安全钳的限速器的动作应发生在速度至少等于额定速度的115%。但应小于下列各值：<br>a）对于除不可脱落滚柱式以外的瞬时式安全钳为0.8 m/s；<br>b）对于不可脱落滚柱式瞬时式安全钳为1 m/s；<br>c）对于额定速度小于或等于1 m/s的渐进式安全钳为1.5 m/s；<br>d）对于额定速度大于1 m/s的渐进式安全钳为$1.25v+\frac{0.25}{v}$ m/s）。<br>注：对于额定速度大于1 m/s的电梯，建议选用接近d）规定的动作速度值。<br>9.9.2　对于额定载重量大，额定速度低的电梯，应专门为此设计限速器。<br>注：建议尽可能选用接近9.9.1所示下限值的动作速度。<br>9.9.3　对重（或平衡重）安全钳的限速器动作速度应大于9.9.1规定的轿厢安全钳的限速器动作速度，但不得超过10%。<br>9.9.4　限速器动作时，限速器绳的张力不得小于以下两个值的较大值：<br>a）安全钳起作用所需力的两倍；或<br>b）300 N。<br>对于只靠摩擦力来产生张力的限速器，其槽口应：<br>a）经过附加的硬化处理；或<br>b）有一个符合M2.2.1要求的切口槽。<br>9.9.5　限速器上应标明与安全钳动作相应的旋转方向。<br>9.9.6　限速器绳<br>9.9.6.1　限速器应由限速器钢丝绳驱动。<br>9.9.6.2　限速器绳的最小破断载荷与限速器动作时产生的限速器绳的张力有关，其安全系数不应小于8。对于摩擦型限速器，则宜考虑摩擦系数$\mu_{max}=0.2$时的情况。<br>9.9.6.3　限速器绳的公称直径不应小于6 mm。<br>9.9.6.4　限速器绳轮的节圆直径与绳的公称直径之比不应小于30。<br>9.9.6.5　限速器绳应用张紧轮张紧，张紧轮（或其配重）应有导向装置。<br>9.9.6.6　在安全钳作用期间，即使制动距离大于正常值，限速器绳及其附件也应保持完整无损。<br>9.9.6.7　限速器绳应易于从安全钳上取下。<br>9.9.7　响应时间<br>限速器动作前的响应时间应足够短，不允许在安全钳动作前达到危险的速度（见F3.2.4.1）。<br>9.9.8　可接近性<br>9.9.8.1　限速器应是可接近的，以便于检查和维修。<br>9.9.8.2　若限速器装在井道内，则应能从井道外面接近它。 |

续表

<table>
<tr><th>标准名称</th><th>部件名称</th><th>标准规定</th></tr>
<tr><td rowspan="2">《电梯制造与安装安全规范》(GB 7588—2003)</td><td>限速器</td><td>9.9.8.3　当下列条件都满足时，无须符合9.9.8.2的要求：<br>a）能够从井道外用远程控制（除无线方式外）的方式来实现9.9.9所述的限速器动作，这种方式应不会造成限速器的意外动作，且未经授权的人不能接近远程控制的操纵装置；<br>b）能够从轿顶或从底坑接近限速器进行检查和维护；<br>c）限速器动作后，提升轿厢、对重（或平衡重）能使限速器自动复位。<br>如果从井道外用远程控制的方式使限速器的电气部分复位，应不会影响限速器的正常功能。<br>9.9.9　限速器动作的可能性<br>在检查或测试期间，应有可能在一个低于9.9.1规定的速度下通过某种安全的方式使限速器动作来使安全钳动作。<br>9.9.10　可调部件在调整后应加封记。<br>9.9.11　电气检查<br>9.9.11.1　在轿厢上行或下行的速度达到限速器动作速度之前，限速器或其他装置上的一个符合14.1.2规定的电气安全装置使电梯驱动主机停止运转。<br>但是，对于额定速度不大于1 m/s的电梯，此电气安全装置最迟可在限速器达到其动作速度时起作用。<br>9.9.11.2　如果安全钳（见9.8.5.2）释放后，限速器未能自动复位，则在限速器未复位时，一个符合14.1.2规定的电气安全装置应防止电梯的启动，但是，在14.2.1.4c）5）规定的情况下，此装置应不起作用。<br>9.9.11.3　限速器绳断裂或过分伸长，应通过一个符合14.1.2规定的电气安全装置的作用，使电动机停止运转。<br>9.9.12　限速器是安全部件，应根据F4的要求进行验证。</td></tr>
<tr><td>轿厢上行超速保护装置</td><td>9.10　轿厢上行超速保护装置<br>曳引驱动电梯上应装设符合下列条件的轿厢上行超速保护装置。<br>9.10.1　该装置包括速度监控和减速元件，应能检测出上行轿厢的速度失控，其下限是电梯额定速度的115%，上限是9.9.3规定的速度，并应能使轿厢制停，或至少使其速度降低至对重缓冲器的设计范围。<br>9.10.2　该装置应能在没有那些在电梯正常运行时控制速度、减速或停车的部件参与下，达到9.10.1的要求，除非这些部件存在内部的冗余度。<br>该装置在动作时，可以由与轿厢连接的机械装置协助完成，无论此机械装置是否有其他用途。<br>9.10.3　该装置在使空轿厢制停时，其减速度不得大于1 $g_n$。<br>9.10.4　该装置应作用于：<br>a）轿厢；或<br>b）对重；或<br>c）钢丝绳系统（悬挂绳或补偿绳）；或<br>d）曳引轮（例如直接作用在曳引轮，或作用于最靠近曳引轮的曳引轮轴上）。<br>9.10.5　该装置动作时，应使一个符合14.1.2规定的电气安全装置动作。<br>9.10.6　该装置动作后，应由称职人员使其释放。<br>9.10.7　该装置释放时，应不需要接近轿厢或对重。<br>9.10.8　释放后，该装置应处于正常工作状态。<br>9.10.9　如果该装置需要外部的能量来驱动，当能量没有时，该装置应能使电梯制动并使其保持停止状态。带导向的压缩弹簧除外。<br>9.10.10　使轿厢上行超速保护装置动作的电梯速度监控部件应是：<br>a）符合9.9要求的限速器；或</td></tr>
</table>

续表

<table>
<tr><th>标准名称</th><th>部件名称</th><th>标准规定</th></tr>
<tr><td rowspan="2">《电梯制造与安装安全规范》（GB 7588—2003）</td><td>轿厢上行超速保护装置</td><td>b）符合 9.9.1、9.9.2、9.9.3、9.9.7、9.9.8.1、9.9.9、9.9.11.2 的装置，且这些装置保证符合 9.9.4、9.9.6.1、9.9.6.2、9.9.6.5、9.9.10 和 9.9.11.3 的规定。<br>9.10.11　轿厢上行超速保护装置是安全部件，应根据 F7 的要求进行验证。</td></tr>
<tr><td>缓冲器</td><td>10.3　轿厢与对重缓冲器<br>10.3.1　缓冲器应设置在轿厢和对重的行程底部极限位置。<br>轿厢投影部分下面缓冲器的作用点应设一个一定高度的障碍物（缓冲器支座），以便满足 5.7.3.3 的要求。对缓冲器，距其作用区域的中心 0.15 m 范围内，有导轨和类似的固定装置，不含墙壁，则这些装置可认为是障碍物。<br>10.3.2　强制驱动电梯除满足 10.3.1 的要求外，还应在轿顶上设置能在行程上部极限位置起作用的缓冲器。<br>10.3.3　蓄能型缓冲器（包括线性和非线性）只能用于额定速度小于或等于 1 m/s 的电梯。<br>10.3.4　（略）。<br>10.3.5　耗能型缓冲器可用于任何额定速度的电梯。<br>10.3.6　缓冲器是安全部件，应根据 F5 的要求进行验证。<br>10.4　轿厢和对重缓冲器的行程<br>以下规定的缓冲器行程，在附录 L（标准的附录）中有图解说明。<br>10.4.1　蓄能型缓冲器<br>10.4.1.1　线性缓冲器<br>10.4.1.1.1　缓冲器可能的总行程应至少等于相应于 115% 额定速度的重力制停距离的两倍，即 $0.135v^2$（m）。无论如何，此行程不得小于 65 mm。<br>注：$\frac{2\times(1.15v)^2}{2g_n}=0.1348v^2$，圆整到 $0.135v^2$。<br>10.4.1.1.2　缓冲器的设计应能在静载荷为轿厢质量与额定载重量之和（或对重质量）的 2.5 倍 ~4 倍时达到 10.4.1.1.1 规定的行程。<br>10.4.1.2　非线性缓冲器<br>10.4.1.2.1　非线性蓄能型缓冲器应符合下列要求：<br>a）当装有额定载重量的轿厢自由落体并以 115% 额定速度撞击轿厢缓冲器时，缓冲器作用期间的平均减速度不应大于 1 $g_n$；<br>b）2.5 $g_n$ 以上的减速度时间不大于 0.04 s；<br>c）轿厢反弹的速度不应超过 1 m/s；<br>d）缓冲器动作后，应无永久变形。<br>10.4.1.2.2　在 5.7.1.1、5.7.1.2、5.7.2.2、5.7.2.3、5.7.3.3 中提到的术语“完全压缩”是指缓冲器被压缩掉 90% 的高度。<br>10.4.2　（略）。<br>10.4.3　耗能型缓冲器<br>10.4.3.1　缓冲器可能的总行程应至少等于相应于 115% 额定速度的重力制停距离，即 $0.067v^2$（m）。<br>10.4.3.2　当按 12.8 的要求对电梯在其行程末端的减速进行监控时，对于按照 10.4.3.1 规定计算的缓冲器行程，可采用轿厢（或对重）与缓冲器刚接触时的速度取代额定速度。但行程不得小于：<br>a）当额定速度小于或等于 4 m/s 时，按 10.4.3.1 计算行程的 50%。但在任何情况下，行程不应小于 0.42 m。<br>b）当额定速度大于 4 m/s 时，按 10.4.3.1 计算的行程 1/3。但在任何情况下，行程不应小于 0.54 m。</td></tr>
</table>

续表

| 标准名称 | 部件名称 | 标准规定 |
| --- | --- | --- |
| 《电梯制造与安装安全规范》(GB 7588—2003) | 缓冲器 | 10.4.3.3 耗能型缓冲器应符合下列要求：<br>a）当装有额定载重量的轿厢自由落体并以115%额定速度撞击轿厢缓冲器时，缓冲器作用期间的平均减速度不应大于1 $g_n$；<br>b）2.5 $g_n$ 以上的减速度时间不应大于0.04 s；<br>c）缓冲器动作后，应无永久变形。<br>10.4.3.4 在缓冲器动作后回复至其正常伸长位置后电梯才能正常运行，为检查缓冲器的正常复位所用的装置应是一个符合14.1.2规定的电气安全装置。<br>10.4.3.5 液压缓冲器的结构应便于检查其液位。 |
| | 极限开关 | 10.5 极限开关<br>10.5.1 总则<br>电梯应设极限开关。<br>极限开关应设置在尽可能接近端站时起作用而无误动作危险的位置上。<br>极限开关应在轿厢或对重（如有）接触缓冲器之前起作用，并在缓冲器被压缩期间保持其动作状态。<br>10.5.2 极限开关的动作<br>10.5.2.1 正常的端站停止开关和极限开关必须采用分别的动作装置。<br>10.5.2.2 对于强制驱动的电梯，极限开关的动作应由下述方式实现：<br>a）利用与电梯驱动主机的运动相连接的一种装置；或<br>b）利用处于井道顶部的轿厢和平衡重（如有）；或<br>c）如果没有平衡重，利用处于井道顶部和底部的轿厢。<br>10.5.2.3 对于曳引驱动的电梯，极限开关的动作应由下述方式实现：<br>a）直接利用处于井道的顶部和底部的轿厢；或<br>b）利用一个与轿厢连接的装置，如：钢丝绳、皮带或链条。<br>该连接装置一旦断裂或松弛，一个符合14.1.2规定的电气安全装置应使电梯驱动主机停止运转。<br>10.5.3 极限开关的作用方法<br>10.5.3.1 极限开关：<br>a）对强制驱动的电梯，应根据12.4.2.3.2的规定，用强制的机械方法直接切断电动机和制动器的供电回路；<br>b）对曳引驱动的单速或双速电梯，极限开关应能：<br>1）按a）切断电路；或<br>2）通过一个符合14.1.2规定的电气安全装置，按照12.4.2.3.1、12.7.1和13.2.1.1的要求，切断向两个接触器线圈直接供电的电路；<br>c）对于可变电压或连续调速电梯，极限开关应能迅速地，即在与系统相适应的最短时间内使电梯驱动主机停止运转。<br>10.5.3.2 极限开关动作后，电梯应不能自动恢复运行。 |
| 《电梯安装验收规范》(GB/T 10060—2011) | 限速器 | 5.2.8 限速器系统<br>5.2.8.1 除设计要求限速器绳相对导轨倾斜安装外，操纵安全钳侧的限速器钢丝绳至导轨侧面及顶面距离的偏差，在整个井道高速范围内均不宜超过10 mm；<br>5.2.8.2 限速器钢丝绳应张紧，在运行中不应与轿厢和对重等部件相碰触；<br>5.2.8.3 限速器安装在井道内时，应能从井道外接近它，否则，应符合GB7588—2003中9.9.8.3的要求；<br>5.2.8.4 限速器绳断裂或过分伸长时，应通过一个电气安全装置使电动机停止运转；<br>5.2.8.5 限速器极其张紧轮应有防止钢丝绳应松弛而脱离绳槽的装置；当绳沿水平方向或在水平方向之上与水平面不大于90°的任意角度进入限速器或其张紧轮时，应有防止异物进入绳与绳槽之间的装置； |

续表

| 标准名称 | 部件名称 | 标准规定 |
| --- | --- | --- |
| 《电梯安装验收规范》(GB/T 10060—2011) | 缓冲器 | 5.2.9　缓冲器<br>5.2.9.1　在轿厢和对重行程底部的极限位置应设置缓冲器。<br>强制驱动式电梯还应在轿顶上设置能在行程上部极限位置起作用的缓冲器。<br>5.2.9.2　当电梯速度大于1.0 m/s时，应采用耗能型缓冲器。<br>5.2.9.3　线性蓄能型缓冲器的总行程不应小于0.135$v^2$（m），且最小值为65 mm。耗能型缓冲器的行程不应小于对应115%额定速度的重力制停距离，即0.067 4$v^2$（m）。<br>5.2.9.4　对于额定速度大于2.5 m/s的电梯，当按GB 7588—2003中12.8的要求对轿厢在其行程末端的减速进行监控时，可以使用行程小于5.2.9.3要求的缓冲器。计算其缓冲器所需行程时，可采用轿厢（或对重）与缓冲器刚接触时的速度取代5.2.9.3中规定的115%额定速度，且应满足：<br>a）当额定速度不大于4.0 m/s时，按5.2.9.3计算值的50%，且至少为0.42 m；<br>b）当额定速度大于4.0 m/s时，按5.2.9.3计算值的1/3，且至少为0.54 m。<br>5.2.9.5　如果在轿厢或对重行程的底部使用一个以上缓冲器，在轿厢处于上、下端站平层位置时，各缓冲器顶面与对重或轿厢之缓冲器撞板之间距离的偏差不应大于2.0 mm。<br>5.2.9.6　耗能型缓冲器的柱塞（或活塞杆）相对水平面的垂直度不应大于5/1 000，设计上要求倾斜安装的除外。<br>液压缓冲器的冲液量应符合设计要求。<br>5.2.9.7　耗能型缓冲器应设有一个电气安全装置，在缓冲器动作后未恢复到正常位置之前，使电梯不能运行。 |
|  | 安全钳 | 5.4.8　安全钳<br>5.4.8.1　轿厢应装设能在其下行时动作的安全钳。<br>电梯额定速度小于或等于0.63 m/s时，轿厢可采用瞬时式安全钳。<br>电梯额定速度大于0.63 m/s时，轿厢应采用渐进式安全钳。<br>若轿厢装设有数套安全钳，则它们应全部是渐进式的。<br>5.4.8.2　若电梯额定速度大于1.0 m/s，对重（或平衡重）安全钳也应是渐进式的。<br>5.4.8.3　轿厢、对重（或平衡重）的安全钳，应分别由各自的限速器来操纵。<br>5.4.8.4　若电梯额定速度不超过1.0 m/s，可借助于悬挂机构的失效或借助一根安全绳来触发对重（或平衡重）安全钳动作。<br>5.4.8.5　不应使用电气、液压或气动装置来操纵安全钳。<br>5.4.8.6　只有将轿厢或对重（或平衡重）提起，才能使轿厢或对重（或平衡重）上的安全钳释放并自动复位。<br>5.4.8.7　渐进式安全钳可调节部位最终调整后的状态应加封记。 |
|  | 轿厢上行超速保护装置 | 5.4.9　轿厢上行超速保护装置<br>5.4.9.1　曳引驱动式电梯应装设轿厢上行超速保护装置，该装置应作用于：<br>a）轿厢；或<br>b）对重；或<br>c）钢丝绳系统（悬挂绳或补偿绳）；或<br>d）曳引轮或最靠近曳引轮的曳引轮轴上。<br>5.4.9.2　该装置应能在没有那些在电梯正常运行时控制速度、减速度或停车的部件参与下，达到GB 7588—2003中9.10.1的要求，除非这些部件存在内部的冗余度。 |

续表

| 标准名称 | 部件名称 | 标准规定 |
| --- | --- | --- |
| 《电梯安装验收规范》(GB/T 10060—2011) | 轿厢上行超速保护装置 | 该装置在动作时，可以由与轿厢连接的机械装置协助完成，无论此机械装置是否有其他用途。<br>5.4.9.3 该装置动作时，应使一个电气安全装置动作。<br>5.4.9.4 该装置动作后的释放应需要称职人员的介入，释放时不应需要接近轿厢或对重，释放后该装置应处于正常工作状态。<br>5.4.9.5 如果速度监控装置触发制动装置动作或制动装置产生制动力需要外部能量（比如电能，机械能）作用，当该能量缺失时应能导致电梯停止并使其保持停止状态。该停止可以是由上行超速保护装置发出信号，由电梯控制系统使电梯停止运行。<br>带导向的压缩弹簧的蓄能不属于外部能量。<br>5.4.9.6 轿厢上行超速保护装置的速度监控部件应符合 GB 7588—2003 中 9.10.10 的要求。 |
| 《电梯监督检验和定期检验规则——曳引与强制驱动电梯》(TSG T7001—2009) | 缓冲器 | (1) 轿厢和对重的行程底部极限位置应当设置缓冲器，强制驱动电梯还应当在行程上部极限位置设置缓冲器；蓄能型缓冲器只能用于额定速度不大于 1 m/s 的电梯，耗能型缓冲器可以用于任何额定速度的电梯；<br>(2) 缓冲器上应当设有铭牌或者标签，标明制造单位名称、型号、规格参数和型式试验机构标识，铭牌或者标签和型式试验证书内容应当相符；<br>(3) 缓冲器应当固定可靠、无明显倾斜，并且无断裂、塑性变形、剥落、破损等现象；<br>(4) 耗能型缓冲器液位应当正确，有验证柱塞复位的电气安全装置；<br>(5) 对重缓冲器附近应当设置永久性的明显标识，标明当轿厢位于顶层端站平层位置时，对重装置撞板与其缓冲器顶面间的最大允许垂直距离；并且该垂直距离不超过最大允许值。 |
| | 限速器绳 | (1) 限速器绳应当用张紧轮张紧，张紧轮（或者其配重）应当有导向装置；<br>(2) 当限速器绳断裂或者过分伸长时，应当通过一个电气安全装置的作用，使电梯停止运转。 |
| | 安全钳 | (1) 安全钳上应当设有铭牌，标明制造单位名称、型号、规格参数和型式试验机构标识，铭牌、型式试验证书、调试证书内容与实物应当相符；<br>(2) 轿厢上应当装设一个在轿厢安全钳动作以前或同时动作的电气安全装置。 |
| | 轿厢上行超速保护装置 | 8.1 轿厢上行超速保护装置试验<br>当轿厢上行速度失控时，轿厢上行超速保护装置应当动作，使轿厢制停或者至少使其速度降低至对重缓冲器的设计范围；该装置动作时，应当使一个电气安全装置动作。 |
| | 轿厢限速器和安全钳 | 8.4 轿厢限速器—安全钳联动试验<br>(1) 施工监督检验：轿厢装有下述载荷，以检修速度下行，进行限速器—安全钳联动试验，限速器、安全钳动作应当可靠：<br>①瞬时式安全钳：轿厢装载额定载重量，对于轿厢面积超出规定的载货电梯，以轿厢实际面积按规定所对应的额定载重量作为试验载荷；<br>②渐进式安全钳：轿厢装载 1.25 倍额定载重量；对于轿厢面积超出规定的载货电梯，取 1.25 倍额定载重量与轿厢实际面积按规定所对应的额定载重量两者中的较大值作为试验载荷；对于额定载重量按照单位轿厢有效面积不小于 200 kg/m² 计算的汽车电梯，轿厢装载 1.5 倍额定载重量。<br>(2) 定期检验：轿厢空载，以检修速度下行，进行限速器—安全钳联动试验，限速器、安全钳动作应当可靠。 |

续表

| 标准名称 | 部件名称 | 标准规定 |
| --- | --- | --- |
| 《电梯监督检验和定期检验规则——曳引与强制驱动电梯》（TSG T7001—2009） | 对重（平衡重）限速器和安全钳 | 8.5　对重（平衡重）限速器—安全钳联动试验<br>轿厢空载，以检修速度上行，进行限速器—安全钳联动试验，限速器、安全钳动作应当可靠。 |

# 第三节　电梯安全保护系统典型故障排查

## 一、限速器典型故障分析及排除方法

### （一）限速器电气安全开关不起作用

当电梯超速后，控制电路未被强制断开，制动器未抱闸。这分为两种情况：其一是限速器上的电气开关被人为短接或氧化不通，其二是限速器电气开关不能被机械装置动作。由于限速器出厂前经过调试，故后一种情况很少见，一般不会发生。

由于电气安全回路工作电压相对较高，动、静触点在分离时容易产生电弧，将触点烧蚀氧化，破坏触点的表面材质构成和光洁度状态，引起触点阻值增大。如果动、静触点的表面出现氧化、锈蚀或灰尘，一方面有可能会引起接触电阻过大，导致安全回路不通造成电梯故障，另一方面，触点间接触电阻过大时，触点间的接触电阻使其产生较大的热量，加速触点导电性能的恶化，并使接触电阻进一步增大，最终导致动、静触点表面烧蚀熔化。

需要注意的是，限速器长期工作在粉尘堆积的环境中，甚至电气安全开关缺少防尘措施，都会加剧电气触点的烧蚀氧化。

同时，电气安全装置的线缆不应随意破断重接，以防止接头处导线氧化导致线路不通，引起电梯故障。电气安全回路在潮湿、积水环境中工作发生时，一旦发生两处位置同时接地短路，两个接地点之间会形成回路，将两点之间的电气安全回路短接，使这段电路内的电气安全开关失效，极易引起重大安全事故。为了保证电气安全回路在发生接地短路时，控制回路的空气开关（或熔断器）能够正常动作跳闸，应保证各电气安全开关良好接地。

引起限速器电气安全开关故障的原因如图 5－53 所示。

电气安全开关罩壳缺失

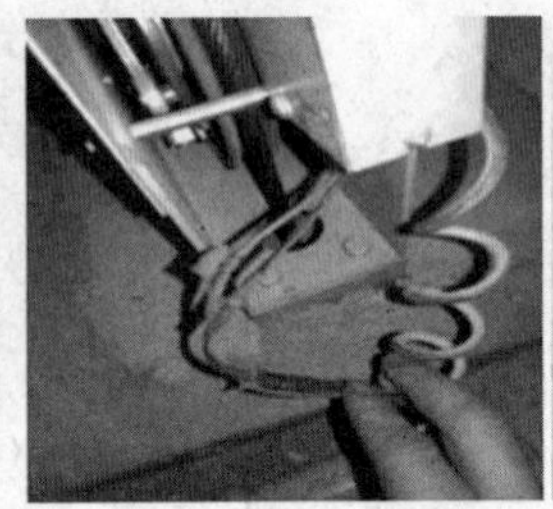
电气开关接线不可靠

接地线脱落

图 5－53　限速器电气安全开关故障原因

### （二）触发机构失效

*1. 甩块及其连杆机构的各销轴出现缺油、磨损，阻力增大，致使甩块动作不灵活，无法在指定速度有效触发*

甩块及其离心弹簧通过连杆（或摆臂）机构安装在限速器转轴上，甩块高速旋转过程中的离心运动，需要通过连杆（或摆臂）机构的动作才能够实现，且该离心运动应当仅受到离心弹簧的约束。如果连杆（或摆臂）机构上的转动部件，如销轴（如图 5－54 所示）、轴承等由于缺乏润滑或异常磨损，导致连杆（或摆臂）机构动作不灵活，会对甩块额外施加约束力（阻力），导致甩块离心运动的阻力变大，引起限速器机械动作速度变大，更严重的甚至引起限速器触发机构无法工作。

图 5－54　甩块及其连杆机构上的各销轴

2. 限速器棘爪的各销轴出现缺油、磨损，或棘爪的释放机构卡阻，导致棘爪无法释放

正常情况下限速器超速达到调定值时，棘爪应当就能卡入最近制动轮轮齿，及时保护乘客及电梯安全。但是如果棘爪以及棘爪释放机构的转动部件（如图 5－55 所示的销轴），由于出现锈蚀、磨损而导致卡阻、不灵活，或者驱动棘爪动作卡入轮齿的机构无法顺畅动作，如驱动弹簧老化失去弹性，就有可能导致限速器在电梯超速时，触发机构无法有效释放棘爪，导致限速器不能有效工作。

图 5－55　棘爪及其释放机构上的各销轴

3. 限速器棘爪、制动轮轮齿出现磨损或断裂，限速器棘爪不能卡入部分轮齿，无法在指定速度有效触发

如果限速器制动轮上的部分轮齿出现磨损，甚至出现缺损，就有可能导致棘爪释放后无法与轮齿成功啮合（如图 5－56 所示）。特别需要提醒的是：这种缺陷情况很隐蔽，如未能及时发现，一旦发生事故后果将十分严重。

4. 调速弹簧等速度调整部位螺母松动，或铅封、封记破坏，无法在指定速度有效触发

一般情况下，限速器上离心甩块的约束弹簧（通常为压缩弹簧，如图 5－57 所示）、触发机构对电气安全开关和制动机构的触动元件（如螺栓、螺柱、顶杆等如图 5－58 和图 5－59 所示）的定位会直接影响限速器的最终动作速度，因此限速器在出厂校验完毕后，会在这些元件的定位（或固定）件上用铅封或油漆封记进行标定，以便于限速器检查维护过程中确认限速器的出厂设定未被修改。

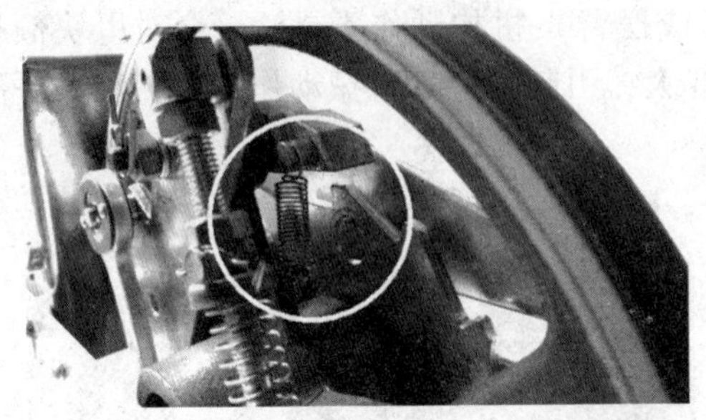

图 5-56　棘爪依靠弹性元件的驱动与轮齿啮合

图 5-57　离心甩块的约束弹簧

图 5-58　触发机构对制动机构的触动元件
(棘爪释放机构)

图 5-59　触发机构对电气安全开关的触动元件

## (三) 制动机构失效

1. 夹持式限速器的夹绳机构各销轴出现缺油、磨损，限速器触发后无法有效制动钢丝绳

无论复位弹簧式还是夹绳弹簧式夹绳机构，都需要依靠限速器钢丝绳与绳轮的摩擦力来驱动夹绳机构，使夹绳块压紧在钢丝绳上产生自锁。而夹绳机构在动作过程需要由多个连杆(摆杆)配合完成，各传动机构的销轴（如图 5-60 所示）如果在长期使用中出现锈蚀、磨损情况，容易引起夹绳机构动作阻力变大，动作阻力一旦达到甚至超过限速器钢丝绳的摩擦力，例如此时限速器钢丝绳或绳槽的状态不佳、摩擦力减弱，就会导致限速器制动机构无法动作，不能有效制停限速器钢丝绳。

对于复位弹簧式夹绳机构的夹持式限速器，由于复位弹簧对夹绳机构动作过程会附加一定的阻力，因此更加需要保持其夹绳机构的动作灵活。

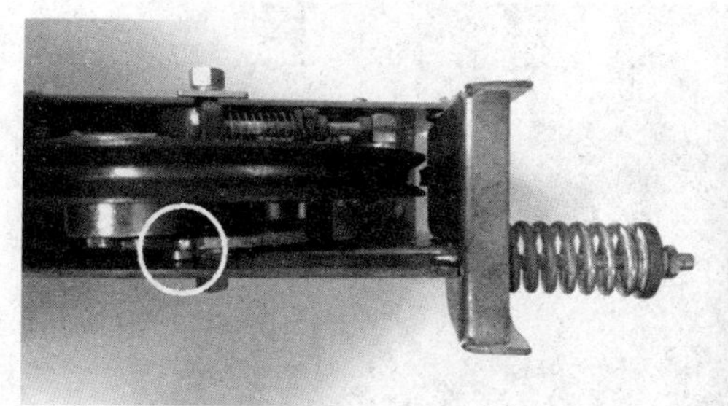

图5－60　制动机构各销轴

2. 夹绳弹簧式夹绳机构的限速器，夹绳弹簧的预压缩行程不足，引起夹绳块无法有效压紧钢丝绳使之制动

此内容较容易理解，在此不做赘述。

3. 复位弹簧式夹绳机构的限速器，其复位弹簧铅封破坏，弹簧初始状态的预压缩行程过大，限速器触发后无法有效制动钢丝绳

对于采用复位弹簧式夹绳机构的夹持式限速器，应当十分注意观察复位弹簧的定位（弹簧的压缩行程）是否出现异常变化，复位弹簧在初始状态下的预压缩行程过大，会导致夹绳机构动作过程中的阻力变大，在一定程度下有可能引起夹绳机构无法动作，不能有效制停限速器钢丝绳。

复位弹簧式夹绳机构的弹簧定位螺母（锁紧螺母）会在限速器完成出厂校验后用油漆封记进行标定，便于维护保养过程中对复位弹簧的预压缩状态进行检查确认。需要注意的是，常有作业人员将复位弹簧式夹绳机构错误识别为夹绳弹簧式，在限速器无法有效制动限速器钢丝绳时，对复位弹簧进行调整增加其预压缩行程，这种操作非但无法使复位弹簧式夹绳机构的钢丝绳压紧力增加，反而会导致夹绳机构彻底无法动作压住限速器钢丝绳。

4. 限速器绳轮轴承由于缺少润滑或者磨损而损坏，发生卡阻

这种情况在现实使用环境中出现得较少，一般出现在使用年限较长的老旧电梯上。如果限速器绳轮的轴承由于缺少润滑或者磨损而损坏，会在一定程度上增加限速器绳轮转动的阻力。由于限速器钢丝绳与绳轮间的摩擦力只会在长期使用中逐步减小，因此当绳轮转动阻力过大时同样不利于限速器钢丝绳驱动绳轮动作制动机构。同样，这种情况对于复位弹簧式夹绳机构的影响会更为明显。

## （四）绳轮绳槽失效

1. 限速器绳槽油污堆积引起电气安全开关误动作

此类情况多发生于冬季气温较低的状态下，限速器钢丝绳及绳轮上的油泥会在低温下结硬，并在限速器钢丝绳的挤压下，沿着绳轮两缘不断堆积，如图5－61所示。当油泥堆积高度达到一定程度时，甚至有可能触碰到电气安全开关等限速器触发机构，导致触发机构误动作。

2. 限速器钢丝绳与绳槽过度油腻，导致限速器机械动作后钢丝绳无法制动

无论摩擦式限速器还是夹持式限速器，在对钢丝绳进行制动时，都需要限速器钢丝绳与

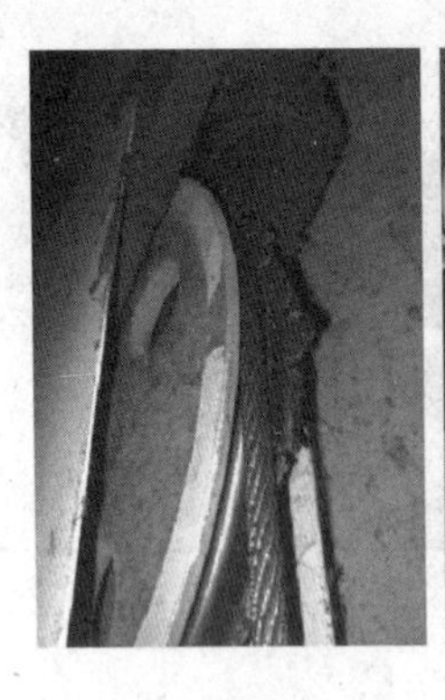

图 5－61　限速器轮油泥堆积

绳槽之间有足够的摩擦力产生，相对而言摩擦式要求对钢丝绳与绳槽的摩擦力更大、更稳定。为了获得最大摩擦力，限速器绳槽通常采用 V 形槽结构。

但是如果限速器绳槽过度油腻，或者限速器钢丝绳含油量过高（如图 5－62 所示），会破坏钢丝绳与绳槽之间的静摩擦系数，引起限速器钢丝绳与绳槽最大静摩擦力下降。限速器钢丝绳与绳槽表面的油污主要来源于限速器钢丝绳内芯所含的润滑油，因此在限速器钢丝绳全寿命中，应严格禁止对限速器钢丝绳进行任何形式的再润滑，保持限速器钢丝绳表面干燥。

图 5－62　限速器绳槽与钢丝绳过度油腻

## 二、安全钳典型故障分析及排除方法

①限速器钢绳打滑，无法正常提起安全钳。限速器轮槽的磨损或者限速器钢丝绳磨损，夹绳钳无法接触或无法有效接触钢丝绳，最终引起限速器钢丝绳打滑。针对性的解决办法为：对钢丝绳、限速器夹绳钳的位置进行调整。

②安全钳钳口内存在油泥、沙子、灰尘等杂质，安全钳的楔块无法夹紧导轨，并最终引起轿厢制停失效的严重后果。针对性的解决办法为：将安全钳拆下，对钳口内的异物进行彻底清理。

③安全钳与导轨的间隙过大，即便是安全钳提拉机构达到极限位置，安全钳楔块与导轨工作面仍无法做到有效接触，最终引起轿厢制停失效的严重后果。针对性的解决办法为：将

安全钳间隙重新调整为标准值，并确保两侧间隙的均匀度。

④安全钳提拉机构的结构尺寸不符合要求，提拉杆行程不足无法实现有效提拉，轨道工作面、楔块无法做到紧密接触，引起无效动作的问题。虽然不同类型的电梯安全钳在提拉机构的结构方面存在或多或少的差异，但大多属于曲柄摇杆结构，可通过改变连杆机构结构尺寸的办法实现对提拉杆行程的针对性调整。

⑤限速器安装方向错误，使夹绳钳的应有作用无法得到有效发挥，造成失效问题。针对性的解决方法为：对限速器方向进行重新调整。

⑥限速器钢丝绳远离夹绳钳有效宽度范围，夹绳钳无法夹到限速器钢丝绳，造成失效问题。若为夹绳钳、限速器轮槽的相对位置错误，可调整二者的相对位置；若钢丝绳位置错误，可对其进行相应的调整；若夹绳钳、钢丝绳相对位置不正确是由限速器安装位置不正确引起的，则应对限速器位置进行相应的调整。

⑦限速器夹绳钳的制动力低于标准值，无法夹紧限速器钢丝绳，在限速器动作时，限速器钢丝绳在轮槽内出现打滑，造成失效问题。根据《电梯制造与安装安全规范》的要求，限速器动作时，钢丝绳的张紧力不能小于安全钳装置启动所需力的两倍、200 N这两个值中较大的一个。这里所说的张紧力，指的是限速器动作后通过卡绳装置、轮槽摩擦为限速器钢绳提供制动力的最大值，即钢丝绳不发生打滑的最小张紧力。若该力过大，就可能出现将钢丝绳拉断的问题；若该力过小，就无法实现对安全钳机构的有效提拉。针对性的解决办法为：对限速器钢丝绳的张紧力进行适当的调整。

## 三、缓冲器典型故障分析及排除方法

### （一）缓冲器电气安全开关不起作用

当电梯蹲底后，如果控制电路未被强制断开，其原因主要有以下两种情况：其一是缓冲器上的电气开关被人为短接或氧化不通，其二是缓冲器电气开关不能被机械装置动作。缓冲器电气安全开关如图5－63所示。

由于电气安全回路工作电压相对较高，动、静触点在分离时容易产生电弧，将触点烧蚀氧化，破坏触点的表面材质构成和光洁度状态，引起触点阻值增大。如果动、静触点的表面出现氧化、锈蚀或灰尘，一方面有可能会引起接触电阻过大，导致安全回路不通，造成电梯故障；另一方面，触点间接触电阻过大时，触点间的接触电阻使其产生较大的热量，加速触点导电性能的恶化，并使接触电阻进一步增大，最终导致动、静触点表面烧蚀熔化。需要注意的是，缓冲器长期工作在潮湿、积水的环境中，甚至电气安全开关缺少防尘措施，都会加剧电气触点的烧蚀氧化和腐蚀。

同时，电气安全装置的线缆不应随意破断重接，以防止接头处导线氧化导致线路不通，引起电梯故障。电气安全回路在潮湿、积水环境中工作发生时，一旦发生两处位置同时接地短路，两个接地点之间会形成回路，将两点之间的电气安全回路短接，使这段电路内的电气安全开关失效，极易引起重大安全事故。

另外，由于缓冲器电气安全开关是通过缓冲器上的机械撞杆动作触发的。在实际工作过程中，如果电气安全开关的固定螺丝或者机械撞杆的固定螺丝发生松动，造成电气安全开关和撞杆不再构成垂直的关系（如图5－64所示），当轿厢蹲底撞击缓冲器时，撞杆无法有效地触发电气安全开关，切断安全回路。

图 5－63 缓冲器电气安全开关

图 5－64 缓冲器电气安全开关和撞杆

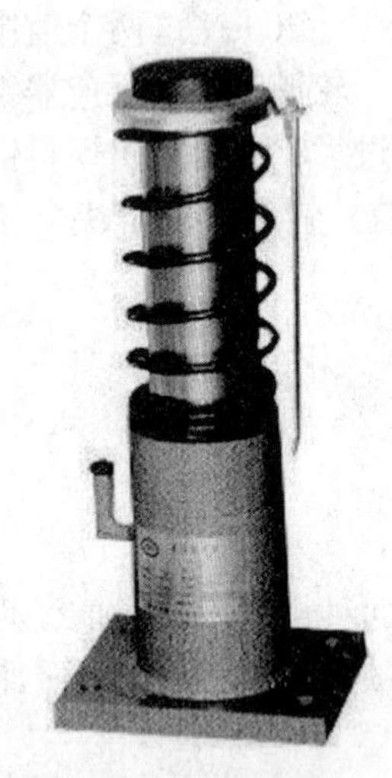

图 5－65 缓冲器弹簧锈蚀

## （二）电梯缓冲器弹不起来

当以低速使缓冲器到全压缩的位置，然后放开，或者轿厢撞击缓冲器后，发现缓冲器的柱塞无法回到原来的位置，其中原因为缓冲器弹簧发生锈蚀，以致撞击时弹簧折断或者发生弹性变形，使得缓冲器的柱塞无法复原。由于缓冲器安装在电梯的底坑，工作环境潮湿、闷热，容易发生积水，缓冲器弹簧容易出现锈蚀，如图5－65所示。因此，我们在日常的维护保养过程中，需要按照《电梯维护保养规则》（TSG T5002—2017）的要求，正确、细致地对缓冲器弹簧进行检查，如果发现锈蚀，则用1000#砂纸打磨光滑，并涂上防锈漆。

## （三）电梯缓冲器不起作用

撞击时，缓冲器起不到缓冲吸能的作用，其中的原因有：

①缓冲器油缸密封塞发生老化，致使密封性能降低，造成缓冲器油渗漏。由于底坑的环境很差，橡胶件容易发生老化，在日常的维护保养过程中，我们需要检查缓冲器是否有泄漏的情况，密封套是否发生变形、老化或者脱落，如有，应及时更换。同时，还要检查缓冲器的柱塞外露部分是否有尘埃、油污，如有，则需要及时清除，并涂上防锈油脂，以防止尘埃和油污对密封胶套造成损伤。油压缓冲器的结构如图5－66所示。

②缓冲器油得不到及时更换，变成废油，造成油液无法在撞击时正常流动。检查方法：打开缓冲器油位计，查看油液是否浑浊，如有，应及时更换，保证缓冲器油的凝固点在－10 ℃以下，黏度指数在115以上。

③缓冲器的固定螺丝发生松动，造成缓冲器歪斜。在日常维护保养中，我们应及时全面、细致地检查，杜绝此类事件发生。

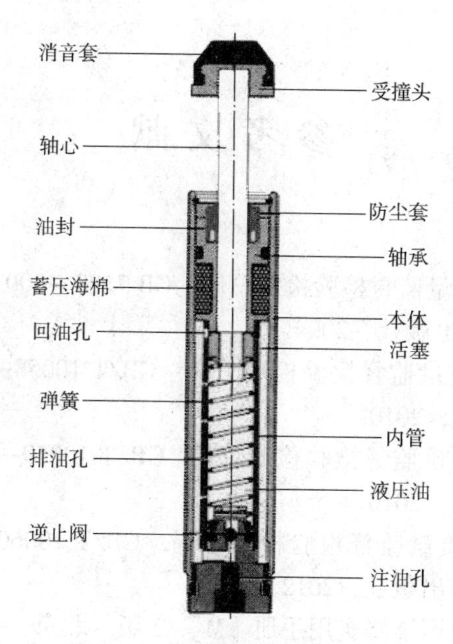


图 5－66　油压缓冲器的结构

# 参考文献


[1] 中华人民共和国国家质量监督检验检疫总局. GB 7588—2003 电梯制造与安装安全规范［S］. 北京：中共标准出版社，2004.

[2] 中华人民共和国国家质量监督检验检疫总局. GB/T 10058—2009 电梯技术条件［S］. 北京：中共标准出版社，2010.

[3] 中华人民共和国国家质量监督检验检疫总局. GB/T 10059—2009 电梯试验方法［S］. 北京：中共标准出版社，2010.

[4] 中华人民共和国国家质量监督检验检疫总局. GB/T 10060—2011 电梯安装验收规范［S］. 北京：中共标准出版社，2012.

[5] 李向东. 电梯安装与使用维修实用手册［M］. 2 版. 北京：机械工业出版社，2010.

[6] 陈家盛. 电梯结构原理及安装维修［M］. 4 版. 北京：机械工业出版社，2012.

[7] 于磊. 电梯安装与保养［M］. 北京：高等教育出版社，2009.

[8] 顾德仁，陆晓春，王锐. 电梯修理与维护保养［M］. 南京：江苏凤凰教育出版社，2018.

[9] 陈路阳，庞秀玲，陈维祥，等. 电梯制造与安装安全规范：GB 7588 理解与应用.［M］. 2 版. 北京：中国质检出版社，中国标准出版社，2017.

[10] 何乔治，陈兴华，何峰峰，等. 电梯故障与排除［M］. 北京：机械工业出版社，2002.